Die 70 besten Autos der 70er

Walther Wuttke

Motor
buch
Verlag

Inhalt

IMPRESSUM:

Einbandgestaltung: Julia Lehmenkühler, unter Verwendung von Motiven aus dem Archiv der Paul Pietsch Verlage, Stuttgart und der Hersteller

Eine Haftung des Autors oder des Verlages und seiner Beauftragten für Personen-, Sach- und Vermögensschäden ist ausgeschlossen.

ISBN: 978-3-613-04680-1

1. Auflage 2024

Sie finden uns im Internet unter www.motorbuch-verlag.de

Lektorat und Redaktion: Bernd Keidel
Innengestaltung: Julia Lehmenkühler
Druck und Bindung: Graspo, 76302 Zlin
Printed in Czech Republic

Einleit

Der Opel Kadet (oben) stand für die Gegenwart – der Porsche FLA für die Zukunft. Mit dem »Forschungsprojekt Langzeit Auto« überraschte die Sportwagenmarke 1973 auf der IAA mit einer Studie, die mindestens 20 oder 30 Jahre fahren sollte. Als Antrieb kam ein 2,5-Liter-Vierzylinder mit 75 PS zum Einsatz.

ung

Dieser Buchtitel ist mutig, denn wie soll man die besten Autos der 1970er-Jahre finden? Je nach Einstellung dürfte jeder Automobilfreund eine eigene Liste entwickeln. Sicher, da gibt es die Wahl für das »Auto des Jahres«, die allerdings seit der ersten Veranstaltung im Jahr 1963 mehr dem Anzeigenaufkommen der beteiligten Zeitschriften und dem Selbstbewusstsein der Juroren diente, als dem Zweck, tatsächlich das beste Auto des Jahrgangs zu finden. Der Volkwagen Golf zum Beispiel schaffte es in den 1970er-Jahren nicht, diesen Titel zu gewinnen. Erst 1992 wurde der Golf III ausgezeichnet. Die Gründe, warum das eine oder andere Modell sich mit dieser verkaufsfördernden Auszeichnung schmücken durfte bleiben im Dunkeln. Eine Ursache ist bestimmt die gezielte »Bearbeitung« der Juroren durch die verschiedenen Pressestellen. Vor allem in Italien und Frankreich hatte der Titel einen besonders hohen Stellenwert, und entsprechend großzügig wurden die Juroren umsorgt.
Mit durchschlagendem Erfolg: Allein sechs Autos des Jahres kamen in den 1970er-Jahren aus diesen beiden Ländern.
Daher – eine kleine Entschädigung – spielt der Volkswagen Golf in diesem Buch die Rolle des »Autos des Jahrzehnts«. Schließlich rettete der Golf nicht nur die Zukunft von Volkswagen, sondern eröffnete ein vollkommen neues Segment, eben die Golf-Klasse mit Nachahmern von allen namhaften Herstellern. Dass der Simca 1100 die Kombination von Frontantrieb und Heckklappe bereits vorweggenommen hatte, sei an dieser Stelle nur am Rande erwähnt.
Gibt es nun objektive Kriterien für die Auswahl der Modelle in diesem Buch? Wir haben versucht, einen Querschnitt durch die Modellvielfalt dieses Jahrzehnts zu präsentieren. Und da gehören der Mercedes W123 ebenso dazu wie der Rolls- Royce Carmargue oder der Volkswagen Käfer, der trotz des anschwellenden »Golfstroms« noch immer seine Liebhaber fand und zum Weltrekordler wurde, als am 17. Februar 1972 ein 1302 S als 15.007.034. Modell auf die Straße rollte und damit den scheinbar »ewigen Rekordhalter« Ford Model T ablöste. Die 1970er-Jahre waren auch das Jahrzehnt des Aufbruchs. 25 Jahre nach dem Ende des Zweiten Weltkriegs war parallel zu den Revolten der »1968er« eine neue Freiheit in die Gesellschaft eingezogen – und die zeigte sich auch in der sprunghaften Zunahme der Massenmotorisierung. 1970 hatte sich die Zahl der Personenkraftwagen im Vergleich zu 1960 von 4,4 Millionen auf 13,9 Millionen in der Bundesrepublik verdreifacht. Dass damit die Zahl der Verkehrstoten auch sprunghaft in die Höhe schnellte, war die Kehrseite dieser Medaille. Diese neue Mobilität nutzten die Bundesbürger und erschlossen sich neue Ziele. Das Auto wurde zum beliebtesten Verkehrsmittel, um in den Urlaub zu fahren. Die Strände an der italienischen Adria mutierten zum »Teutonengrill« und auch die preiswerte jugoslawische Küste wurde mit dem eigenen Automobil »erobert«, wobei die Fahrt bereits zum

1972 feierte München 36 Jahren nach den Berliner Spielen die Olympischen Sommerspiele, die von dem Angriff auf die israelische Mannschaft überschattet wurden.

In den 1970er-Jahren sprach niemand von autofreien Innenstädten. München wurde damals wie alle anderen deutschen Großstädte vom Auto beherrscht.

Die weibliche Begleitung war in den Siebziger Jahren in der Werbung unverzichtbar. Auch Alfa Romeo wollte sich von diesem Trend nicht ausschließen.

Urlaub gehörte. Die Technik der Modelle war zuverlässiger geworden und die Fahrt auch an entfernte Ziele problemlos möglich. Der Motor »kochte« nicht mehr, wenn der Brenner Richtung Italien bewältigt werden musste und die Fahrleistungen hatten sich ebenfalls weitentwickelt, sodass die Fahrt in die »schönste Zeit« des Jahres zügig in Angriff genommen werden konnte.

Vollgepackt mit allem, was man in den Ferien benötigte – vom Steilwandzelt bis zu heimischen Konserven, denn wer wusste, was für exotische Dinge am Zielort auf den Tisch kamen – begann die Fahrt. Und die endete häufig im Stau, denn die Infrastruktur der Republik war auf diesen Andrang nicht vorbereitet. Wer es sich leisten konnte, vertraute sein Automobil daher dem Autozug an. Dieses Angebot der Bundesbahn wurde damals von vielen Urlaubern genutzt. Bequem im Liegewagen rollte die Familie dem zumeist südlichen Ziel entgegen, und der Familienvater rechnete sich das Ticket schön, indem er diverse Hotelübernachtungen und die eingesparten Energiekosten dem Preis für die Fahrkarten gegenüberstellte. Das Auto war in den 1970er-Jahren längst zu einem Bestandteil der Freizeitgestaltung geworden und daher überzeugte die neue »Golfklasse« mit der weit öffnenden Heckklappe, hinter der sich die Utensilien für Reise und Hobby stapeln ließen, die Menschen weltweit.

Gleichzeitig wuchs das Autobahnnetz in Europa, wobei die Bundesbürger schon damals nicht begeistert waren, wenn sie in Frankreich oder Italien an den Mautstationen aufgehalten wurden. Aufhalten

Bei Volvo war das weibliche Element zurückhaltend im Hintergrund platziert. Die Bühne im Vordergrund war für das Auto reserviert.

Wenn es schon keine Kühlerfigur gibt, dann darf die junge Frau wenigstens auf der Motorhaube des Manta posieren.

1973 präsentierte Audi die Studie Pik Ass, die zusammen mit Karmann verwirklicht wurde. Der Prototyp gilt als Vorläufer des Volkswagen Scirocco.

konnten die mobile Gesellschaft auch nicht die damals als »Ölscheichs« verunglimpften Herrscher über die Ölquellen, die 1973 die Preise für ihr »schwarzes Gold« rasant anhoben, was in der Bundesrepublik mit einem Tempolimit auf den Autobahnen und autofreien Sonntagen beantwortet wurde. Der Versuch des damaligen Verkehrsministers Lauritz Lauritzen, das Tempolimit auf Autobahnen generell einzuführen war zum Scheitern verurteilt. »Freie Fahrt für freie Bürger« propagierte der ADAC und wusste die Mehrheit der Autofahrer hinter sich. Für die Tankstellen war die Energiepreiskrise eine besondere Herausforderung. Auf einmal kostete Benzin mehr als eine Mark – und darauf waren die Tanksäulen nicht eingestellt. Doch auch dieser Preissprung konnte die mobilen Bundesbürger nicht aufhalten. Das Automobil war einfach viel zu tief im Bewusstsein verankert, als dass man es infrage stellen wollte. Schließlich war die Auswahl in diesem Jahrzehnt so vielfältig wie noch nie.

Mercedes C111

– Traumwagen aus Stuttgart

Der Wagen 43 (rechts) war ein Showcar ohne Antriebseinheit.

Die Flügeltüren erinnerten an den legendären 300 SL.

Auch beim C111 setzte man auf weibliche Reize.

Während der Rekordfahrten im süditalienischen Nardo wurde der C111 regelmäßig inspiziert.

Der C111 weckte Begehrlichkeiten, eine Serienfertigung war allerdings nicht vorgesehen.

Bis die endgültige Form gefunden war, entstanden verschiedene Entwürfe. Das Modell in der Mitte stand schließlich 1970 auf dem Genfer Automobilsalon.

Im Jahr 1969 sprengte die Menschheit eine bis dahin unüberwindbare Grenze und schickte die ersten Menschen auf den Mond. Danach schien nichts mehr unmöglich, und die spektakulärsten Zukunftsvisionen machten die Runde. In diese Zeit des grenzenlosen Optimismus passte auch das Modell, das Mercedes-Benz im Herbst 1969 auf der Internationalen Automobilausstellung (IAA) in Frankfurt der Öffentlichkeit zeigte. Der C111 war ein Traumwagen, wie ihn die automobile Welt bis dahin noch nicht gesehen hatte. Lackiert in einem provokanten Orange – damals waren die sogenannten Schockfarben angesagt – und flach und mit Flügeltüren ausgestattet, glaubten die Besucher an eine Rückkehr des legendären 300 SL in einer modernen Fassung. Die Messe war noch nicht beendet, da gingen bereits die ersten Bestellungen, begleitet von Blankoschecks, in der Stuttgarter Zentrale ein.

Allerdings wurde eine mögliche Serienfertigung des C111, dessen heute bekannte Version im Frühjahr 1970 auf dem Genfer Automobilsalon stand, im Herbst 1971 verworfen, weil der Wankelmotor die Werte eines Hubkolbenmotors nicht erreichte, und außerdem sprach sich der damals noch konservative Vorstand des Unternehmens gegen eine Produktion aus. Unter anderem hätten die US-amerikanischen Vorschriften eine vollkommene Neukonstruktion notwendig gemacht. Mercedes-Benz wollte mit dem Experimentalfahrzeug vor allem neue Technologien testen. Dabei stand nicht nur der Wankelmotor im Mittelpunkt, sondern auch neue Fahrwerkkonstruktionen und die Verwendung von Kunststoffen beim Karosseriebau. Das Ganze war verpackt in ein aufregendes Design, für das der junge Designer Bruno Sacco verantwortlich war.

Dass man zu irgendeinem Zeitpunkt doch an eine Serienproduktion gedacht haben mag, verrät die Ausstattung des Versuchswagens. Radio, Zigarettenanzünder und Aschenbecher befanden sich im Innenraum – und auch die vollständige Instrumentierung schien auf eine geplante Produktion hinzuweisen.

Der C111 in seiner endgültigen Form. Um sich ein Exemplar zu sichern, schickten Interessenten Blankschecks nach Stuttgart.

Eine Form aus einem Guss. Das Design des C111 war das Werk von Paul Bracq und seines Kollegen Giorgio Battistella.

Im Vergleich zu dem in Frankfurt gezeigten C111 hatte die überarbeitete Genfer Variante eine neu gezeichnete Frontpartie und einen neuen Antrieb. Im Gegensatz zu anderen Hochleistungssportwagen der damaligen Zeit verzichteten die Mercedes-Entwickler auf aufwendige Spoiler und erreichten die Abtriebswerte allein durch das Design. Leistete der Drei-Scheiben-Wankelmotor 1969 noch 280 PS, so stieg die Leistung beim Genfer C111 dank einer zusätzlichen Scheibe auf 350 PS, die eine Höchstgeschwindigkeit von rund 300 km/h ermöglichte. Doch die Leistungswerte und die turbinengleiche Kraftentfaltung sowie die kompakten Abmessungen des Antriebs konnten nicht darüber hinwegtäuschen, dass die Wankeltechnologie nicht die Standards erreichen konnte, wie sie von Mercedes-Benz erwartet wurden. Wie viele andere Unternehmen, die an die Zukunft des von Felix Wankel entwickelten Motors geglaubt hatten, verabschiedete sich auch Mercedes von dieser Antriebstechnik und konzentrierte sich fortan auf den klassischen Verbrennungsmotor.

Insgesamt zwölf C111 entstanden im Laufe der Zeit, von denen elf mit Wankelmotoren ausgerüstet waren. Der letzte C111 wurde von einem 3,5-Liter-V8-Diesel-Aggregat angetrieben, um das Leistungspotenzial der Stuttgarter Diesel-Antriebe zu demonstrieren. Damals standen die Dieselantrieb zwei Jahre vor der Markteinführung in den USA,

1.

2.

3.

4.

5.

1. Der C111 war alltagstauglich und besaß sogar einen Kofferraum.
2. Die Flügeltüren waren ein unverzichtbares Element.
3. Unterwegs auf der Einfahrstrecke in Stuttgart Untertürkheim.
4. Der C111 hatte eine lange Karriere als Showcar.
5. Entwicklungsvorstand Scherenberg durfte Bundespräsident Scheel chauffieren.

wo mit dem 300 SD zum ersten Mal ein Diesel in der automobilen Oberklasse angeboten wurde. Leistete der Serienantrieb beschauliche 80 PS, so kam der Antrieb im C111 auf 190 PS und erreichte im Juni 1976 auf der Hochgeschwindigkeitsstrecke im süditalienischen Nardo so gut wie alle Rekordwerte für Dieselfahrzeuge. Über eine Strecke von 16.000 Kilometer kam der C111 auf eine Durchschnittsgeschwindigkeit von 252 km/h.
Eine weitere Ausbaustufe des C111 mit einem auf 0,157 verbesserten Cw-Wert ging 1977 noch einmal in Nardo an den Start. Der Fünfzylinder-Turbodiesel leistete nun 230 PS und stellte nach einer neunstündigen Fahrt neun Geschwindigkeits-Weltrekorde und elf internationale Klassenrekorde auf. Die Durchschnittsgeschwindigkeit lag bei 320 km/h und der Verbrauch bei vergleichsweise geringen 16 Liter je 100 Kilometer.

Der 230 PS starke Dreiliter-Fünfzylinder-Turbodiesel füllte den Motorraum vollständig aus.

Vor dem Start der Rekordfahrten im süditalienischen Nardo am 8. Juni 1976 herrschte eine lockere Stimmung bei den Akteuren.

Der C111 war ursprünglich als Versuchsträger für den damals gefeierten Wankelmotor entwickelt worden.

Das erfolgreiche Team (von links): Guido Moch, Paul Frère, Hans Liebold und Rico Steinemann.

Der Dieselrekord- C111 steht heute im Mercedes-Benz-Museum in Stuttgart.

Mit dem Nachfolger des 1100 begann bei Fiat eine neue Zeit. Der 128 begründete den Wechsel vom Heck- zum Frontantrieb.

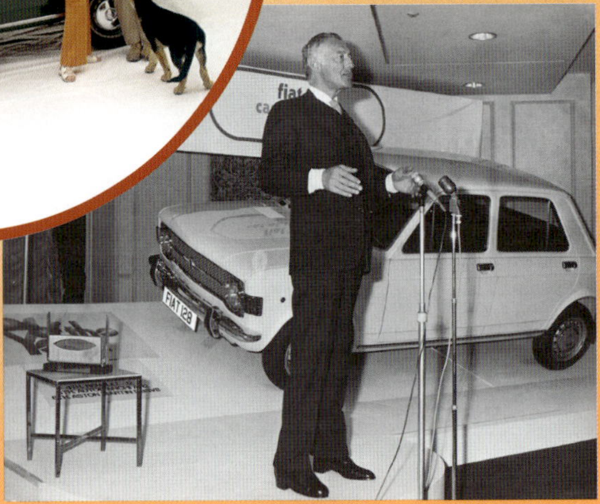

Fiat-Chef Giovanni Agnelli persönlich ließ es sich nicht nehmen, das neue Modell der Öffentlichkeit zu präsentieren.

Der Fiat 128 löste 1969 den betagten 1100 ab und brachte den Frontantrieb in die Turiner Modellpalette. Mit seinem Vorgänger verband ihn nur noch die Motorgröße, doch sonst hatten die Entwickler alles komplett verändert. Der 1116 ccm große Vierzylinder trieb, quer eingebaut, die Vorderräder an und übernahm die Antriebsform des inzwischen längst vergessenen Autobianchi Primula. Der Frontantrieb war damals noch eher die Ausnahme, und nur einige wenige Hersteller wie Citroën oder Audi hatten sich dieser Technik verschrieben. Beim Design verließ die Turiner allerdings allem Anschein nach der Mut. Der 128 kam mit einer sehr traditionellen Stufenheck-Karosserie auf den Markt – offensichtlich wagten sich die Designer noch nicht an das Fließheck und schufen stattdessen eine kleine Limousine (3,85 Meter) in der damals üblichen Formensprache. Neben der viertürigen Limousine standen auch noch ein Kombi und eine zweitürige Variante bei den Händlern. Für Fiat war der 128 ein Vertreter der Mittelklasse, gedacht für Aufsteiger, die mehr Auto wollten als es der 500 oder 600 bieten konnten. Die 55 PS reichten für eine Höchstgeschwindigkeit von 135 km/h, was der Zielgruppe offensichtlich vollkommen reichte. Damals hatte Fiat noch eine umfangreiche Modellpalette, die vom Kleinwagen bis zur Luxuslimousine reichte. 1971 ergänzte der 128 Rallye als Zweitürer mit zusätzlichen Halogen-Scheinwerfern – damals das Attribut absoluter Sportlichkeit – das Angebot, der maximal 150 km/h erreichte. 1971 kam auch noch ein Coupé auf den Markt, das 170 km/h schnell sein konnte.

Fiat 128

Citroën SM

– seine Majestät

Bei Citroën war es nicht unüblich, dass die ersten Kunden zugleich auch zahlende Testfahrer waren. Bei der legendären DS litten die ersten Besitzer unter der mitunter seltsam agierenden hydropneumatischen Federung, und daher ist es nicht überraschend, dass auch der 1970 auf dem Genfer Automobilsalon vorgestellte SM unter der einen oder anderen Kinderkrankheit litt. Im konkreten Fall war das eine Untertreibung, denn bei der Entwicklung arbeiteten die Techniker unter hohem Zeitdruck, der verhinderte, dass der Maserati-Sechszylinder ausreichend Testkilometer abspulen konnte. Beim Kürzel streiten sich die Experten über die Bedeutung. Auf dem Stand in Genf trug das Coupé noch den Schriftzug »Citroën-S-Maserati«, was die Vermutung zulässt, dass »SM« für »Série Maserati« steht. Für die Freunde des Modells allerdings bedeuteten die beiden Buchstaben schlicht »Sa Majesté«. Irgendwie passend, wenn man eine »Déesse« oder Göttin im Programm hat.

Majestätisch war der Auftritt des großen Citroën auf jeden Fall. Die wuchtige Front mit den hinter Plexiglas platzierten Scheinwerfern war beeindruckend, wie auch die lange und breite Haube über dem 2,6-Liter-Sechszylinder, der bis zu 180 PS leistete. Citroën hatte zuvor die Mehrheit des unter akuter Finanznot leidenden italienischen Unternehmens übernommen, obwohl die französische Marke selbst das eine oder andere wirtschaftliche Problem lösen musste. Das Design stammte von Robert Opron, der zuvor den GS und CX entworfen hatte. Den Antrieb steuerte Giulio Alfieri, der für Maserati bereits den 3500 GT, Mistral, Indy und Quattroporte entwickelt hatte. Citroën hatte in den späten sechziger und siebziger Jahren bereits an Sechs- und Achtzylindermotoren gearbeitet, die aber nie in Serie gingen. Die Zylinder des Motors stehen in einem sonst vor allem bei Achtzylindern üblichen 90-Grad-Winkel, dessen Konstruktion die Citroën-Werkstätten häufig überforderte, was der Zuverlässigkeit des SM nicht gerade förderlich war. Deshalb erlangte das Coupé bald einen denkbar schlechten Ruf. Das wirkte sich, wenig überraschend, auf den Absatz aus, sodass die Produktion des SM nachdem Peugeot und Citroën zum PSA-Konzern verschmolzen waren, bald eingestellt wurde. Die letzten SM-Rohkarossen wanderten in die Schrottpressen. »Sa Majesté« hatte abgedankt.

Das Design des Coupés stammte von Robert Opron, der auch den GS und später den CX entwarf.

Mit dem SM belebte Citroën die Tradition der französischen Luxusautos wieder. Das Coupé konnte die Erwartungen der Kundschaft dann aber nicht erfüllen.

Wie bei vielen Modellen der Marke griff Citroën beim SM zu einer ausgefallenen Formensprache, die sich bewusst von den Mitbewerbern abhob.

Ford Escort – die neue Basis

Die ersten Escort-Modelle kamen als Zweitürer auf den Markt. Doch das schien die Familien in den 1970er-Jahren nicht zu stören.

Bis zur Vorstellung des Fiesta begann die Ford-Modellwelt mit dem Escort, der Ende der 1960er-Jahre als deutsch-britische Gemeinschaftsentwicklung auf den Markt rollte. Allerdings unterschied sich der Escort von seinen Mitbewerbern deutlich - der Motor war vorne längs eingebaut, und trieb die an Blattfedern hängende Starrachse im Heck an. Noch bevor der Ur-Escort auf den deutschen Markt rollte, wurde er von der Fachpresse wegen seiner antiquierten Technik und seinem Stufenheck-Design stark kritisiert. Entwickelt wurde der Escort als Konkurrent zum erfolgreichen Opel Kadett. Seit Anfang der 1970er-Jahre wurde der Escort auch im Kölner Ford-Werk hergestellt. Später lief der kleine Ford auch im neuen Werk im saarländischen Saarlouis vom Band. Niemand geringeres als Bundeskanzler Ludwig Erhardt hatte sich damals für die neue Produktionsstätte eingesetzt. Die Fabrik wurde am 11. Juni 1970 von Henry Ford II., Enkel des Firmengründers, eingeweiht. Allerdings war der Escort in Deutschland kein großer Erfolg, unter anderem neigte der betagte 1,1-Liter-Antrieb (40 PS) im Winter zur Vergaser-Vereisung, wie sie bei Fahrzeugen in den 1950er-Jahren üblich war.

Die Form des Kühlergrills trug der konventionellen Stufenheck-Limousine den Spitznamen Hundeknochen ein. Nach der Modellpflege wich der Kühlergrill einer geglätteten Form. Neben der »zivilen Ausgabe« brachte Ford im Juni 1973 den Escort als RS 2000 auf den Markt, der, von einem Zweiliter-Vierzylinder angetrieben, 100 PS leistete. Der so aufgerüstete biedere Escort wurde zum Vorläufer der sportlichen Kompaktmodelle. Die Antriebstechnik war vom Consul übernommen worden, und die Bremsanlage stammte vom Capri RS 2600. Mit dem RS kam Dynamik in eine Fahrzeugklasse, die bis dahin vor allem die einfachen Mobilitäts-Basisbedürfnisse befriedigen sollte. Mit den RS-Modellen war Ford in den 1970er-Jahren im Motorsport erfolgreich. 1975 kam der modellgepflegte Escort auf den Markt, der neben einem neuen Design auch eine neue Preispolitik bei Ford einführte. Der damalige deutsche Ford-Chef Lutz, immer für eine Überraschung gut, startete die Initiative »Inklusivpreise«. Während damals die Aufpreislisten noch länger waren als heute, was mit der »Individualisierung« der bestellten Autos kaschiert wurde, brachte Ford das Escort-Basismodell mit vorderen Scheibenbremsen samt Servounterstützung, Stahlgürtelreifen, Heckscheibenheizung, Scheibenwischer mit zwei Geschwindigkeiten und einen zweistufigen Ventilator an den Start.

Erst später reichte Ford eine viertürige Version des kompakten Escort nach. Von Juni 1970 an wurde das Modell auch in Saarlouis produziert.

Die Form des Kühlergrills trug dem Wagen den Spitznamen »Hundeknochen« ein.

Der Escort sollte – nach den Vorstellungen der Werbeleute – auch am Strand eine gute Figur machen.

Range Rover
– der Gentleman fürs Gelände

Die 1970er-Jahre waren das Jahrzehnt der Geländewagen, und in den Pressetexten wiederholte sich regelmäßig die Einladung an die Kundschaft, dass man mit diesen Fahrzeugen auch zur Oper fahren könne. Warum ausgerechnet die Oper als Ziel ausgemacht wurde, ist bis heute unerfindlich, doch offensichtlich wollte man den Gefährten das Image der Schlammwühler nehmen. Ohnehin rollten die wenigsten Geländespezialisten außerhalb befestigter Straßen. Nur fünf Prozent der zugelassenen Geländewagen wurden von ihren Besitzern tatsächlich in Wald und Flur bewegt. Mit dem Range Rover brachte das britische Unternehmen 1970 ein Gefährt auf den Markt, dass sich tatsächlich für den Einsatz im Feld und in der Stadt, also auch für den Weg zur Oper, eignete. Im Gegensatz zu den raubeinigen Fahrzeugen besaß der »Range« tatsächlich Komforteigenschaften, wie man sie bis dahin in dieser Klasse noch nicht kannte. Der Dreitürer wurde von einem V8-Zylinder angetrieben, der von Buick in den USA einst als Antrieb für Motorboote entwickelt worden war und von Rover für seine Limousinen übernommen worden war. Der für amerikanische Verhältnisse kleine 3,5-Liter-Motor leistete 132 PS und war mit einem Vierganggetriebe gekoppelt. Ganz in der Tradition der Marke besaß auch der Range Rover permanenten Allradantrieb. Die Karosserie hatte die zweckmäßige Form

Der Range Rover brachte bis dahin unbekannten Komfort ins Gelände.

der Land Rover-Modelle abgelegt und hob sich mit seinem vergleichsweise eleganten Design von den anderen Geländewagen ab. Viele Zeitgenossen, die zwar die finanziellen Mittel für den Kauf des »Range« hatten, aber kein Gelände, um ihn zu erproben, griffen zu, und bald beherrschte das Modell den Großstadtdschungel. Mit dem Modell hatte Rover ohne es zu wollen, ein vollkommen neues Segment entwickelt, und ohne den Range Rover würde es vielleicht heute die vermeintlich sportlichen Nutzfahrzeuge oder SUV gar nicht geben.

Mit dem geländegängigen Luxusgefährt erschloss sich Land Rover ein vollkommen neues Segment, in dem die Briten lange Zeit alleine unterwegs waren.

Auch im Dschungel ließ sich der Range Rover nicht aufhalten – was Abenteuerlustige auf der ganzen Welt zu schätzen wussten.

Mit dem Range Rover kam Komfort ins Gelände. Unter der Haube arbeitete ein V8, den Buick als Motorbootantrieb entwickelt hatte.

Opel Manta – kein Witz

Mit dem Manta hielt bei Opel eine Portion Fahrspaß Einzug in die ansonsten biedere Modellpalette.

In den Jahren nach dem Zweiten Weltkrieg hatte sich Opel den Ruf als Hersteller zuverlässiger, aber technisch wenig aufregender Fahrzeuge erworben. In der Werbung hieß der Slogan des Unternehmens »Opel – der Zuverlässige«, doch von den 1960er-Jahren an versuchte die Marke, ihr Image zu ändern. Dabei sollte 1970, mit rund 800.000 produzierten Fahrzeugen ohnehin ein außerordentlich erfolgreiches Jahr für die Marke, ein neu angekündigtes Modell helfen, für das es noch keinen Namen gab. Dass sich dieses Fahrzeug innerhalb kürzester Zeit zu einem Kultauto entwickeln sollte, dem Jahrzehnte später ein filmisches Denkmal gesetzt wurde, konnte damals selbst der optimistische Vertriebschef Robert A. Lutz nicht ahnen. Am 9. September 1970 rollte die erste Manta-Generation schließlich in die Öffentlichkeit und überraschte mit seinem Design die Opel-Gemeinde, die bisher an eher »staatstragende Formen« gewohnt war. Für das Coupé mit familientauglichem Innenraum standen anfangs drei Motorisierungen zur Wahl: 1,6 Liter mit 68 oder 80 PS und 1,9 Liter mit 90 PS. Der Manta teilte die Plattform mit dem Ascona, der zwischen dem Kadett und dem Opel Rekord platziert war, aber offensichtlich für eine deutlich konservativere Kundschaft konzipiert worden war. Der Manta war Opels Antwort auf den Ford Capri, der sich auch in den USA gut verkaufte, und deshalb erfüllte das Coupé auch die strengeren US-amerikanischen Sicherheitsvorschriften. Bis zum Ende seiner Bauzeit wurden mehr als eine Million Manta abgesetzt. Über die Entstehung des Namens gibt es verschiedene

Mit seiner schnittigen Form brachte der Manta neue Kunden zu Opel.

Wie ein Manta zum »Tiger in Seide« mutiert, wird auf ewig ein Geheimnis der Opel-Werbestrategen bleiben

Der Manta spielte in der Opel-Werbung eine tragende Rolle.

Das Rochen-Emblem am vorderen Kotflügel eines Manta A.

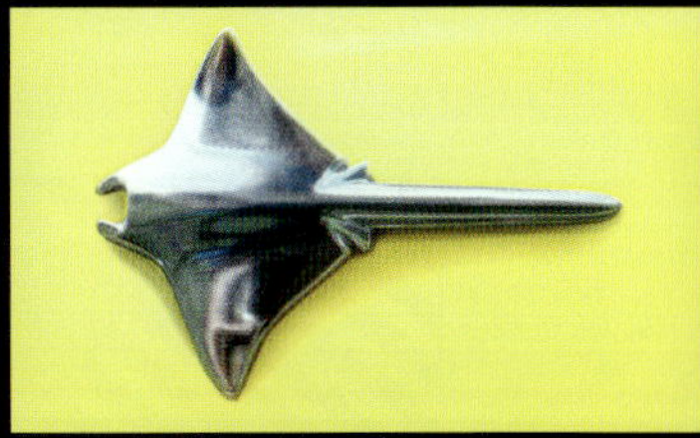

Schlicht und elegant zeigte sich die Heckpartie des Coupés.

Im Opel-Werk in Rüsselsheim lief das neue Coupé vom Band.

Mit dem GTE kam zusätzliche Leistung in die Modellpalette.

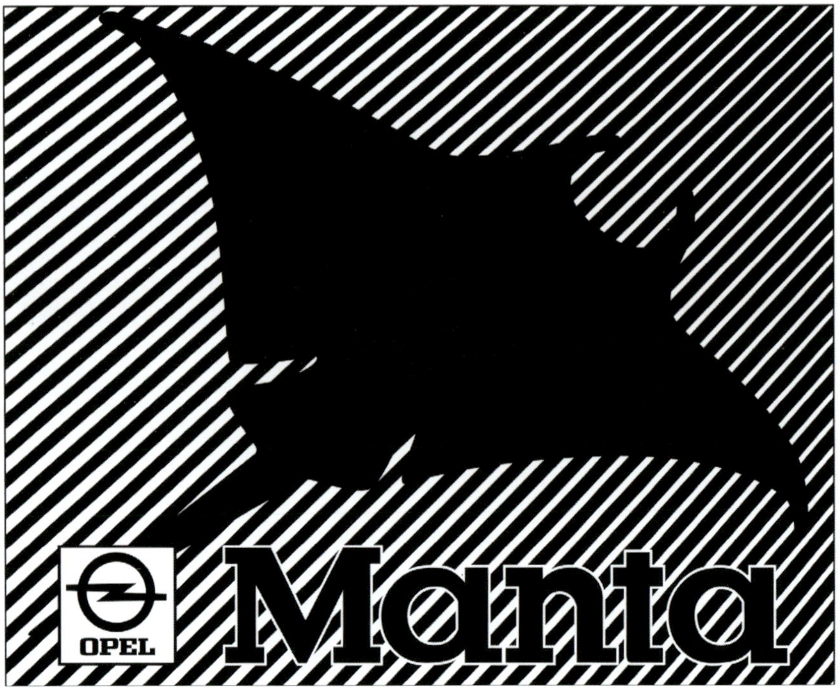

Der elegante Flügelrochen diente als Namensgeber für das neue Opel-Coupé.

Mit seinem eleganten Design, bei dem der Chromschmuck dezent ausfiel, war auf Anhieb erfolgreich.

Theorien, doch offensichtlich waren die Marketing-Verantwortlichen von der Anmut und Geschwindigkeit des Flügelrochens so beeindruckt, dass sie den Namen übernahmen. Die Lyriker der Pressemappe fanden folgende Formulierung: »Schließlich tauchte sein Name auf: Manta – der Flügelrochen. In den Eigenschaften dieses Meerestieres sah man eine Verdeutlichung der Aufgabe dieses Opel-Modells im Automobilmarkt. Man erwartet viel vom Manta, dem Automobil, wie immer, wenn Deutschlands zweitgrößter Automobilproduzent einen neuen Wagen vorstellt!«

Der Manta war die Antwort aus Rüsselsheim auf den erfolgreichen Ford Capri und kam mit einer neuen Designsprache auf den Markt.

Erste Entwürfe nahmen die endgültige Form vorweg.

Das Design verzichtete auf überflüssigen Chromschmuck.

Die Frontpartie passte in die Modellpalette der Rüsselsheimer.

Toyota Celica
– Sportler aus Fernost

Toyota, 1937 zum ersten Mal als Automobilproduzent aufgetreten, übertraf 1970 eine wichtige Marke. Zum ersten Mal hatte die Marke mehr als eine Million Automobile hergestellt. Sieben Jahre zuvor waren es erstmals mehr als 100.000 gewesen. Das Unternehmen war auf Wachstum fixiert und vergrößerte zum Beginn des Jahrzehnts seine Modellpalette um zwei neue Angebote auf zehn Baureihen. Neben der Limousine Carina kam 1970 mit der Celica ein sportliches fünfsitziges Coupé auf den Markt, das wie die Carina von einem 1,6-Liter-Vierzylinder mit zwei obenliegenden Nockenwellen angetrieben wurde, der 86 PS leistete. Die Kraftübertragung übernahm ein serienmäßiges Fünfganggetriebe (das gab es bei vielen europäischen Herstellern wenn überhaupt nur gegen Aufpreis), dass sich butterweich schalten ließ. Das japanische Automobildesign gehörte nicht unbedingt zu den Trendsettern, und auch die Toyota-Modelle der 1970er-Jahre wirkten im Vergleich zu europäischen Modellen ein wenig altbacken. Bei der Celica gelang den japanischen Kreativen jedoch eine Form, die sich von den anderen Modellen der Marke deutlich abhob, und wahrscheinlich auch deshalb zum internationalen Erfolgsmodell wurde. Im Lauf der Bauzeit wurden die Leistungswerte ständig verbessert und der Antrieb vom Heck- auf Frontantrieb umgestellt. Allerdings hatten sich die Verantwortlichen in Japan nicht im Traum vorstellen können, dass dieses Coupé bald von internationalen Fanclubs geschätzt wurde.

Mit der Celica zeigte Toyota, dass man in Japan auch sportliche Modelle auf die Straße bringen konnte.

Auch in Deutschland fand das Coupé aus Japan bald eine treue Kundschaft, die vor allem seine Zuverlässigkeit schätzte.

Die Celica sprach einen völlig neuen Kundenkreis für Toyota an.

Die Nachricht war ein Schock und gleichzeitig für manche eine Erleichterung. Schock für die Fans der Band und Erleichterung für die ältere Generation, die mit der Musik der Truppe nie etwas anfangen konnte. Am 10. April 1970 war es offiziell – die Beatles trennten sich. Über die Gründe gab es damals zahllose Gerüchte. War es Yoko Ono, die ihren Mann John Lennon auf andere Pfade locken wollte, oder hatten die »Fab Four« sich einfach auseinandergelebt. Wahrscheinlich war die zweite Vermutung der ausschlaggebende Grund für den Bruch. Schon Im Herbst 1969 hatte John Lennon erklärt, er wolle »die Scheidung« von den anderen Bandmitgliedern. Paul McCartney, neben Lennon der kreative Kopf der Band, bescheinigte Yoko Ono in einem Interview 2013, dass »sie die Band nicht auseinandergebracht hat. Die Band hat sich selbst auseinandergebracht.« Zwischen 1960 und 1970 waren die Beatles die erfolgreichsten Musiker weltweit und führten zeitweise auf allen Erdteilen die Hitlisten an. Zu der Geschichte der Band gehört auch das größte Missverständnis des Musikgeschäfts. Ein Manager der Plattenfirma Decca lehnte die vier Jungs aus Liverpool ab. Später sicherte sich Decca dann ersatzweise immerhin die Rolling Stones. Mit mehr als 600 Millionen – ihre Plattenfirma EMI nennt sogar mehr als eine Milliarde – verkaufter Tonträger gehören John, Paul, George und Ringo bis heute zu den Topstars der Musikgeschichte.

APRIL 1970

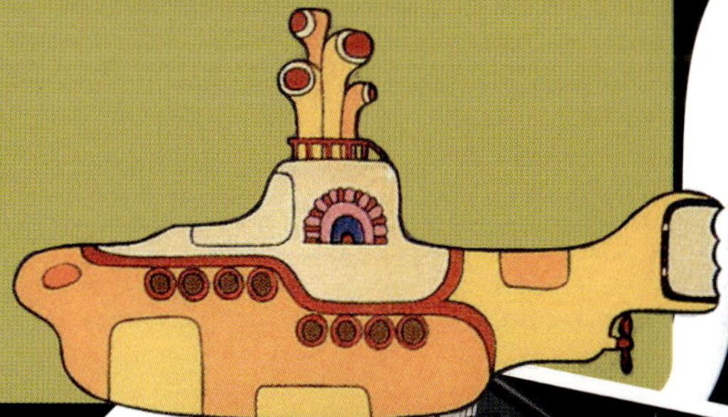

Alfa Romeo Montreal – der Spätstarter

Manchmal dauert es etwas länger, bis ein Modell tatsächlich in Serie geht. Der Alfa Romeo Montreal stand zuerst im Jahr 1967 auf der Weltausstellung im kanadischen Montréal (daher der Name) als Beleg für die italienische Automobilbaukunst, doch bis die ersten Fahrzeuge ausgeliefert wurden, sollten noch drei Jahre vergehen. Ursache für diese Verspätung waren damals die italienischen Gewerkschaften. Alfa Romeo war einige Jahre vor der drohenden Pleite (bei der Marke ein nicht seltener Zustand) vom italienischen Staat gerettet worden und in die staatliche Industrieholding IRI eingegliedert worden. So weit so gut, doch Ende der 1960er Jahre erhoben die mächtigen Gewerkschaftsvertreter Einspruch, als es darum ging, den Montreal in Serie zu bauen. Ein staatliches Unternehmen hatte aus ihrer Sicht keine Berechtigung ein Luxuscoupé für die Schönen und Reichen dieser Welt herzustellen. Dass Alfa Romeo damals bereits kein Hersteller für die breite Masse war, hatten die Vertreter der Arbeiterschaft offensichtlich nicht registriert. Irgendwie gelang es aber den Verantwortlichen der Marke dann doch, den Widerstand der Arbeitnehmervertreter zu brechen, und 1970 erlebte das Coupé auf dem Genfer Automobilsalon seine zweite Markteinführung. Als Antrieb kam der vom Rennsportwagen abgeleitete rund 200 PS leistende V8-Zylinder aus dem Typ 33 zum Einsatz. Im Gegensatz zu einigen anderen Modelle der Marke besaß das Coupé einen guten Rostschutz, sodass heute noch zahlreiche Modelle unterwegs sind. Der Montreal hob sich mit seinem Design deutlich von seinen Mitbewerbern ab. Die Scheinwerfer befanden sich unter Sichtschlitzen, die beim Einschalten des Lichts nach oben klappten, und am hinteren Holm befanden sich sogenannte Stufenschlitze. Das Coupé war das Werk von Marcello Gandini, der als Chefdesigner bei Bertone arbeitete. Der Montreal litt wie viele vergleichbare Modelle unter der Ölkrise, sodass er nie die Erwartungen des Herstellers erfüllen konnte. Als die Produktion 1977 eingestellt wurde, hatten nur knapp 4000 Coupés die Fabrik verlassen.

Wie verkauft man Autos: In den Siebzigern war die – heute problematische – Kombination von weiblichen Reizen und wohlgeformten Blech die Regel.

Die Scheinwerfer wurden durch Sichtschlitze verdeckt. Das Design stammte von Marcello Gandini.

Trotz seiner gelungenen Optik wurden vom Montreal nur 4000 Modelle verkauft.

Den Auftritt des Montreal hätten engstirnige Gewerkschafter beinahe verhindert.

Triumph Stag – der Hirsch im Intrigantenstadl

Der Triumph Stag sollte vor allem in den USA Karriere machen. Doch interne Probleme bei Triumph verhinderten den Erfolg.

Giovanni Michelotti war von den 1950er-Jahren an Hausdesigner für das britische Unternehmen Triumph, das 1960 vom Nutzfahrzeugkonzern Leyland übernommen wurde und 1968 schließlich in der British Leyland Motor Corporation aufging, wo bereits die wichtigsten Marken des Vereinigten Königreichs zusammengefasst worden waren. Dieser Zusammenschluss war damals von der britischen Regierung vorangetrieben worden, um die Wettbewerbsfähigkeit der britischen Automobilindustrie zu verbessern. Das ging dann gründlich schief, und das Ergebnis ist bekannt – die britischen Hersteller verschwanden nach und nach von der automobilen Bühne. Michelotti hatte bereits 1964 einen ersten Entwurf für ein Cabriolet auf Basis des Triumph 2000 auf die Räder gestellt, das für den Genfer Automobilsalon zwei Jahre später gedacht war. Eine Serienfertigung hatte er nicht geplant. Die Triumph-Verantwortlichen waren von dem Entwurf so angetan, dass sie sich die Rechte an dem Design sicherten und den Stag 1970 auf den Markt rollten. Der Stag wurde von vielen Beobachtern wegen des starken Sicherheitsbügels, der durch eine Strebe mit der Frontscheibe verbunden war, als erstes Sicherheitscabriolet eingeordnet. Das Projekt bekam den Namen Stag (Hirsch) und sollte auf dem Markt gegen den Mercedes SL gestellt werden. Als Zielmarkt wurden die USA ins Visier genommen. So weit so gut, doch dann geriet der Stag in den Intrigantenstadl der konkurrierenden Entwicklungsabteilungen des Konzerns. Inzwischen war auch Rover Teil von British Leyland (in Deutschland auch als Britisch Elend verspottet), und dort gab es bereits einen funktionierenden V8-Motor, den die Rover-Techniker nun auch den Kollegen von Triumph empfahlen. Die fühlten sich in ihrer Eitelkeit gekränkt und wiesen das Ansinnen weit von sich. Schließlich hatten sie eine eigene Konstruktion in der Pipeline. Gezielte Fehlinformationen halfen

Der Triumph Stag war zu seiner Zeit das sicherste Cabriolet auf dem Markt.

dem Projekt nicht wirklich, und am Ende kam so ein Achtzylinder zum Einsatz, der bei den Kunden kaum Begeisterung auslöste. Tatsächlich tauschten später viele Besitzer den Triumph-Motor (drei Liter V8, 145 PS) gegen den bewährten Rover-V8 aus. Das Konzept des Stag war eigentlich vielversprechend, doch wenn sich Entwickler mehr mit konzerninternen Intrigen und gezielten Falschinformationen beschäftigen, kann das Ergebnis nicht befriedigend sein, und daher hatte der Stag kaum eine Chance, sich gegen die Konkurrenten durchzusetzen. Daran konnte auch der Auftritt im James-Bond-Film Diamantenfieber nichts ändern. Am Ende kamen nur knapp 26.000 Stags auf die Straßen.

Der Stag in nobler Umgebung. So hatten sich die Triumph-Verantwortlichen die Kundschaft für das Modell vorgestellt.

Porsche 914

– Der Volkssportler

Trotz seiner kantigen Form, die sich deutlich vom Topmodell 911 abhob, war der 914 erfolgreich. Welcher Sportwagen hatte schon zwei Gepäckabteile?

Mitte der 1960er-Jahre erkannten die Verantwortlichen bei Volkswagen, dass die Tage des Typ 34, besser als Karmann Ghia bekannt, gezählt waren. Die schnittige Karosserie war zwar immer noch attraktiv, doch der Antrieb aus dem Käfer konnte die Erwartungen, die das Design weckte, nicht mehr erfüllen. In Stuttgart suchte Porsche gleichzeitig nach einem zweiten Modell neben dem erfolgreichen 911, was am Ende in einem Auftrag an die Entwicklungsabteilung mündete, der für beide Unternehmen eine Lösung bringen sollte. Für Volkswagen entstand der 914/4 mit einem Vierzylinderantrieb, der als Mittelmotor ausgelegt war. Den Antrieb holten die Wolfsburger aus dem Teileregal und verpflanzten den luftgekühlten Boxermotor aus dem 411 E in den neuen, von der Öffentlichkeit, bald als »Volksporsche« eingeordneten Zweisitzer, der für Volkswagen bei Karmann in Osnabrück gebaut wurde. Der 1,7-Liter große Vierzylinder leistete 80 PS. Das Zündschloss befand sich bei der Volkswagen-Version auf der rechten Seite. Im »Volksporsche« entwickelte der 411er Antrieb ein bis dahin nicht gekanntes Temperament und leistete 80 PS, was sich in eine Höchstgeschwindigkeit von 185 km/h übersetzte. Und das mit einem geringeren Verbrauch.

Im Modelljahr 1970 kam die Gemeinschaftsproduktion auf den Markt und löst bei Porsche den Typ 912 ab, der den Motor aus dem 356 als Antrieb nutzte. Wie bei Porsche üblich befindet sich das Zündschloss links neben dem Lenkrad, und der Drehzahlmesser ist das zentrale Instrument vor dem Fahrer. Als Antrieb kommt der Zweiliter Sechszylinder-Boxer aus dem 911 T zum Einsatz, der 110 PS leistet und maximal 201 km/h läuft. Der Porsche 914/6 wird im Stammwerk in Stuttgart-Zuffenhausen produziert. Wie beim Volkswagen lässt sich das Targadach im hinteren Kofferraum unterbringen.

Mit seinem Design unterscheidet sich der 914 deutlich von der Konkurrenz und besitzt Designelemente vom 911. Im sportlich sachlichen Innenraum nehmen Fahrer und Beifahrer die gleiche Position ein. Lediglich die Fußstütze lässt sich verstellen. Für die bessere Sicht im Dunkeln kann der 914-Pilot die beiden Klappscheinwerfer ausfahren.

Wegen des geringen Preisabstands zum 911 hält sich der Erfolg des 914/6 in Grenzen. Insgesamt entstanden in Stuttgart bis 1972 genau 3338 Exemplare. Der 914/6 war auch im Rennsport erfolg-

Junge Frauen und Autos waren in der Werbung die bewährte – und kaum hinterfragte – Kombination in den Siebzigern.

reich und erreichte 1970 den Klassensieg in der GT-Klasse bei den 24 Stunden von Le Mans. Beim 96-Stundenrennen auf dem Nürburgring belegen die drei eingesetzten 914/6 die ersten drei Plätze. Allerdings entwickeln die Porsche-Ingenieure einige Sonderversionen, die das Potenzial der Baureihe demonstrierten. Bereits im ersten Modelljahr entstehen in Stuttgart zwei Varianten mit einem Achtzylinder-Rennmotor. Den 914/6 mit dem 260 PS starken Motor erhält Ferry Porsche zu seinem 60. Geburtstag. Außerdem entstehen elf Sondermodelle mit der Typennummer 916 mit Sechszylinder-Antrieben mit 190 oder 210 PS. Mit fest verschweißten Stahldach und einer hochwertigen Ausstattung unterscheiden sie sich deutlich von den Serienmodellen – gehen aber nie in die Fertigung.

Nicht nur aus heutiger Sicht problematisch: Wer denkt bei diesem Anblick etwa an technische Daten?

Der 914 in seinem Revier.

Hanami auf schwäbisch: Das Oberteil des Models scheint farblich auf den gelben 914 abgestimmt.

Monteverdi Hai 450 – Schweizer Wertarbeit

Die Schweiz gehört nicht gerade zu den bedeutenden Automobilproduzenten. Zwar gab es am Anfang des 20. Jahrhundert durchaus ernstzunehmende Hersteller, doch die verschwanden bald wieder, weil die internationalen Märkte durch Zollschranken versperrt waren. Peter Monteverdi nahm in den 1960er- und 1970er-Jahren die Tradition Schweizer Luxusmodelle wieder auf und brachte einige beachtliche Modell auf den Markt. Sein Unternehmen hatte seinen Sitz in Binningen und war zu seiner Zeit der weltweit jüngste Ferrari-Händler. Allerdings endete die Verbindung 1965 im Streit, und Monteverdi beschloss, eine eigene Produktion aufzubauen. 1970 entwickelte er mit dem Hai 450 einen Mittelmotorsportwagen, dessen Antrieb von großvolumigen amerikanischen V8-Motoren gewährleistet wurde. Damals waren diese Antriebe bei Kleinserienherstellern besonders beliebt, weil sie ausreichend Leistung mit einem hohen Maß an Zuverlässigkeit verbanden. Allerdings wurden von den beiden Modellen, die bis zu 450 PS leisteten, nur zwei Exemplare hergestellt. Wesentlich erfolgreicher war seine Verbindung mit British Leyland. Nach einer Anfrage der Schweizer Filiale des britischen Konzerns stellte Monteverdi die erste viertürige Version des Range Rover her, der 1979 erstmals auf dem Genfer Automobilsalon gezeigt wurde. Die Mehrheit der 167 produzierten Modelle wurden in der Schweiz abgesetzt, allerdings gingen zwei nach Großbritannien, wo sie vom britischen Königshaus eingesetzt wurden. Später übernahm Landrover selbst die Produktion, entschädigte Monteverdi aber durch Lizenzzahlen. Neben dem Range Rover und selbst konstruierten Luxusmodellen stellte das Unternehmen auch verfeinerte Varianten des International Scout her.

Juli 1970

In Hamburg eröffnet BP am 10. Juli die erste Selbstbedienungstankstelle in Deutschland. Bis Ende des Jahres wächst die Zahl auf mehr als 30 Stationen, und bis Ende 1973 erreicht der Anteil der Selbstbedienungstankstellen bei BP zehn Prozent. Die anderen Unternehmen kopieren bald das Konzept, bei dem das Benzin zwei bis drei Pfennig preiswerter war als bei den konventionellen Tankstellen, und die Kundschaft zieht mit. Damit verschwand der freundliche Tankwart, der das Tanken übernahm und auf Wunsch auch den Ölstand und den

Mit Monteverdi kehrte die Schweiz in die Welt der Automobilproduktion zurück.

Das Erfolgsrezept des Schweizer Konstrukteurs war einfach: Schnittiges Design und amerikanische V8-Power.

Die Modelle von Monteverdi waren zwar optisch und technisch aufregend, aber nur begrenzt erfolgreich.

Luftdruck maß und die Scheiben reinigte. Seit 1952 war Tankwart ein Lehrberuf mit dreijähriger Lehrzeit, weil, so die Begründung, »die Versorgung unserer Kraftfahrzeuge mit Betriebsmitteln schon ein beträchtliches Ausmaß besonderer Kenntnisse erfordert, weshalb der Kraftfahrer mit Recht verlangen kann, dass das Tankstellenpersonal dementsprechende Ausbildung erhält.«

Chevrolet Camaro – Pony mal anders

Mit dem Mustang hatte Ford seine Konkurrenten unter Druck gesetzt. Der einfach konstruierte und preiswerte Sportler begründete in den 1960er-Jahren die Klasse der sogenannten Ponycars, und natürlich zogen die anderen Hersteller nach und brachten ihre eigenen Pferdchen an den Start. Bei General Motors übernahm der Chevrolet Camaro diese Rolle. Im Januar 1970 brachte die Marke die zweite Generation mit Verspätung an den Start. Eigentlich war die Markteinführung bereits für den Oktober geplant gewesen, doch weil die Presswerkzeuge für Karosserieteile nicht rechtzeitig bereitstanden, rollte der Camaro II erst im Januar auf den Markt.
Die Technik wurde weitgehend von dem ersten Modell übernommen, allerdings unterschied sich das europäisch wirkende Design deutlich von seinem Vorgänger, und außerdem steuerte die Corvette die Rückleuchten bei. Die Kreativen in Detroit verzichteten bei dem Coupé auf eine B-Säule und spendierten dem Camaro außerdem besonders breite Türen. Wie in den USA üblich kam das Coupé auch mit einem Automatikgetriebe zu den Kunden. Die Cabrioversion war für die zweite Generation des Camaro gestrichen worden. Sie sollte es erst Mitte der 1980er-Jahre wieder geben.
War das Design neu, so verzichteten die Entwickler darauf, neue Antriebe in den Camaro zu montieren. Die Motorpalette begann mit einem 4,1-Liter-Reihensechszylinder, der überschaubare 155 SAE-PS leistete. Die V8-Fraktion begann mit einem Fünfliter-Aggregat, und die stärkste Motorisierung war ein 6,6-Liter V8 der 375 SAE-PS leistete.

Der Camaro war ein Sportler für den Boulevard und wollte auch nie als Sportwagen eingeordnet werden. Die großvolumigen Motoren mit vergleichsweise überschaubaren Leistungswerten machten den Chevrolet zu einem angenehmen Cruiser, bei dem die Höchstgeschwindigkeit nur ein Nebenthema war. Das war auch gut so, denn die Ingenieure hatten den Camaro mit einer nicht zeitgemäßen Bremsanlage in den Kampf um Marktanteile geschickt.

SEPTEMBER 1970

»Wenn ich von einem Reifen überholt werde, weiß ich, dass ich in einem Lotus sitze«, beschrieb Jochen Rindt einmal die fragile Konstruktion seines Rennwagens. Lotus-Chef Colin Chapman war für seine Leichtbaukonstruktionen ebenso berühmt wie berüchtigt. Am 5. September 1970 brach an Rindts Lotus 72 beim Abschlusstraining zum Grand Prix von Italien in Monza wahrscheinlich die vordere rechte Bremswelle und der Lotus drehte sich mehrere

Die vorderen Scheibenbremsen wurden hinten von Trommelbremsen unterstützt. Neben seiner Flanierrolle auf den Boulevards machte der Camaro auch auf der Leinwand und im Fernsehen eine gute Figur. In Deutschland fuhr der »Monaco Franze« in der gleichnamigen TV-Serie einen weißen Camaro, um seine Liebschaften zu besuchen.

Der Camaro startete als Konkurrent für den bereits erfolgreichen Ford Mustang.

Auch international war das Coupé erfolgreich.

Wie der Mustang setzte der Camaro auf das bewährte Design: lange Motorhaube und kompakter Innenraum.

Mit seinem gestreckten Heck setzte der Camaro einen Designakzent.

Male, um am Ende auseinandergebrochen liegen zu bleiben. Nach offiziellen Angaben starb Rindt im Rettungswagen. Sein Vorsprung in der Fahrerwertung reichte aus, um posthum den Weltmeistertitel zu gewinnen.

Oldsmobile Toronado

Wenn amerikanische Automobilentwickler europäische Technik übernehmen, dann denken sie eine Nummer größer. Beim ersten Frontantriebsmodell des Konzerns trieb daher ein großvolumiger V8 die Vorderräder an.

In den USA ist alles ein Stück größer als im Rest der Welt. Das gilt vor allem für die automobile Landschaft, die in den 1970er Jahren noch von den sogenannten Straßenkreuzern beherrscht wurde. Die Modelle hatten damals ein gemeinsames Konstruktionsprinzip: großvolumige V8-Zylindermotoren, die die Hinterachse antrieben. Doch dann kam der Oldsmobile Toronado und wirbelte dieses Dogma zur Seite. Beim Toronado trieb der klassenübliche V8 die Vorderräder an. Offensichtlich erinnerten sich die Entwickler bei General Motors an den Cord 810/812 aus dem Jahr 1936. Der nutzte einen V8, der die Vorderräder antrieb. Die Klappscheinwerfer ließen sich vom Fahrer mechanisch öffnen und schließen, doch am Ende war der Cord seiner Zeit voraus und verschwand bald wieder von der automobilen Bühne.

1965 war die erste Generation des Oldsmobile Toronado mit V8, Frontantrieb und Klappscheinwerfern erschienen, und 1970 erschien die überarbeitete Version mit einer klassischeren Stufenheck-Silhouette und ohne Klappscheinwerfer. Unter der langgestreckten Haube murmelte ein 7,5 Liter messender V8 und versorgte die Vorderräder mit 350 PS. Damals kostete die Gallone Sprit (3,8 Liter) in den USA im Durchschnitt 36 Cents, und daher konnte man sich etwas mehr gönnen. Bis 1992 blieb der Toronado im Lieferprogramm on Oldsmobile, verlor aber im Laufe der Zeit immer mehr von seinem ursprünglichen Charakter. Das gilt auch für die gesamte Marke. Oldsmobile, immerhin die älteste US-Marke, wurde von General Motors systematisch herunter gewirtschaftet und verschwand schließlich im Jahr 2004 ganz.

Oldsmobile nannte die für die USA ungewöhnliche Antriebsform »Unitized Power Package« (UPP). Sieben Jahre arbeiteten die Entwickler, um UPP reif für die Serie zu machen und legten während dieser Zeit mehr als 1,5 Millionen Meilen bei Testfahrten zurück. Firestone steuerte schließlich speziell für den Toronado entwickelte Reifen (Toronado-Front-Drive) bei, die eine steifere Seitenwand hatten, um die Antriebskräfte meistern zu können.

– Frontantrieb à la USA

Ein Werbebild, das Fragen aufwirft: Was macht ein Toronado im Büro?

1936 kam der Cord 810/812 mit Frontantrieb auf den Markt. Erst gut 30 Jahre später rollte das nächste amerikanische Modell mit dieser Technik zu den Kunden.

Der Toronado blieb bis zum Jahr 1992 im Programm, verlor aber während seiner Bauzeit viel von seinen ursprünglichen Eigenschaften.

American Motors Gremlin

Die Automobilindustrie in den USA wurde im vergangenen Jahrhundert von den Großen Drei General Motors, Ford und Chrysler beherrscht – doch es gab da noch die automobile Ausgabe des kleinen gallischen Dorfs in Kenosha, Wisconsin. Dort hatte die American Motors Corporation (AMC) ihren Sitz. Das Unternehmen stand stets im Schatten der drei großen Konzerne, behauptete sich aber bis 1987, als Chrysler den kleinen Wettbewerber schluckte. Am 1. April 1970 überraschte AMC die amerikanische Automobilgemeinde mit einem Fahrzeug, das so ganz anders war als alles andere, was bis dahin in den USA produziert worden war und auch, wenn einige Zeitgenossen an einen Aprilscherz glaubten als ernsthafte Konkurrenz zum Volkswagen Käfer entwickelt worden war.

Die Geschichte des Gremlin (Kobold) beginnt an Bord eines Flugzeugs mit einer Skizze auf einer Spucktüte von Northwest Orient Airlines. Der AMC-Chefdesigner Dick Teague entwarf so die erste Skizze des ersten echten amerikanischen Kleinwagens, mit dem sein Unternehmen den Großen Drei Kunden streitig machen wollte. Ford und General Motors entwickelten gerade den Pinto und den Vega für dieses Segment. Bei AMC herrschte allerdings wieder einmal eine akute Finanzkrise, nachdem man für 70 Millionen Dollar die Marke Jeep gekauft hatte. Außerdem entwickelten die Ingenieure gerade den kompakten Hornet, und deshalb durften die Ingenieure bei der Entwicklung des Gremlin keine übermäßigen Kosten verursachen.

Das Ergebnis war ein Hornet mit einem eigenständigen Heck, das wie von einer Axt entworfen wirkte. Wirkte das Design noch ausgefallen, so war die Technik gänzlich ohne jede Innovation. Die Motorisierung reichte von einem 3,8-Liter-Reihensechszylinder bis zu einem Fünfliter-V8. 1977 kam noch ein Zweiliter-Vierzylinder von Audi ins Programm. Trotz der einfachen Technik und dem seltsamen Äußeren war der Gremlin erfolgreich. Die Größe entsprach der des Käfers, aber wesentlich breiter, sodass sich die Menschen im Frontabteil wie in einem klassengrößeren Modell fühlten. Im engen Heck sah dies deutlich anders aus. Und außerdem war der Gremlin vergleichsweise preiswert. Für 1879 Euro bekam der Kunde ein technisch einfaches und zuverlässiges Gefährt. Und mehr wollten die Freunde der Marke gar nicht.

OKTOBER 1970

Am 23. Oktober startete Gary Gabelich das Raketenauto Blue Flame, und am Ende seiner kurzen Fahrt auf dem Salzsee von Utah stand ein neuer Geschwindigkeitsrekord. Blue Flame erreichte dank des Schubs von 58.000 PS 622,407 Meilen oder 1001,67 km/h und wurde so das erste Erdfahrzeug, dass die 1000-Kilometer-Marke übertraf. Gabelich war die dritte Wahl. Doch weil Craig Breedlove zu viel Gage verlanget und Chuck Suba tödlich verunglückte, bekam er die Chance. Nach seiner Rekordfahrt fuhr Gabelich weiter Rennen

– kein Aprilscherz

Der Gremlin von American Motors war als Antwort auf den Volkswagen Käfer gedacht.

Praktisch ist anders. Das Beladen des Gremlin durch die kleine Heckscheibe war ein Kraftakt.

Trotz seiner seltsamen Form war der Gremlin anfangs erfolgreich.

Schirm, Charme und ein Kobold, der für preiswerte Mobilität made in USA stand.

und verunglückte dabei mehrere Male. Im Januar 1984 kam er bei einem Motorradunfall in Long Beach ums Leben.

Toyota Corolla
– Weltrekordler aus Japan

Mit der Corolla startete Toyota den Angriff auf die Kompaktklasse. Seit 1966 rollten mehr als 50 Millionen Exemplare auf die Straßen der Welt.

Mit mehr als 50 Millionen gebauten Exemplaren seit 1966 ist die Toyota Corolla Weltmeister, doch im Gegensatz zum Volkswagen-Käfer, der bis zu seinem Produktionsende in einer Form hergestellt wurde, erlebte der kompakte Toyota während seiner Bauzeit immer wieder Veränderungen. Der Heckantrieb wurde von angetriebenen Vorderrädern abgelöst, und auch die Karosserieformen änderten sich von Generation zu Generation. Beinahe hätte es mit der Bestleistung nicht geklappt, denn in Europa mutierte Corolla für einige Jahre zum Auris. Der Name Corolla blieb jedoch in anderen Märkten erhalten, so dass die Zählung weitergehen konnte. Der Name Corolla war gewählt worden, weil die Verantwortlichen hofften, dass das Fahrzeug auf den internationalen Märkten aufblühen würde. Corolla steht für den lateinischen Begriff für die Blüten- oder Blumenkrone, und in den vergangenen knapp 60 Jahren hat sich die Hoffnung der Toyota-Marketing-Poeten erfüllt.

Während Volkswagen an Design und Technik beim Käfer festhielt, fragten die Japaner regelmäßig ihre Kunden, welche Veränderungen sie bei der Corolla erwarteten. Die zweite Generation, die 1970 auf die internationalen Märkte rollte, bekam ein sportlicheres Design und technische Neuerungen, die man damals in Japan noch nicht kannte. Dazu gehörte eine größere Blattfederung an der Hinterachse, die das Fahrverhalten deutlich verbesserte, und außerdem ergänzte ein Coupé-Version die Baureihe. Den Antrieb übernahm für den deutschen Markt ein 1,2-Liter-Vierzylinder mit 58 PS. Die Kunden konnten zwischen einem Vier- und Fünfganggetriebe wählen, wobei die fünf Gänge damals noch die Ausnahme waren. Die Dritte Generation der Corolla, die 1974 erschien besaß angesichts der verschärften Abgasgesetze einen Katalysator, und Toyota entwickelte sich in den folgenden Jahren zu einem Vorreiter bei dieser Technik.

Beim Design setzten die Toyota-Kreativen auf eine biedere Formensprache und hatten damit Erfolg.

Auch am Strand machte die Corolla eine gute Figur, dachten sich die Werbestrategen und vergaßen dabei auch nicht das weibliche Element.

Ausnahmsweise darf ein Mann neben einer Corolla posieren, um das neue sportlichere Design zu präsentieren.

Datsun 240 Z

– Rasanter Sportler

Japanische Automobile der 1970er Jahre galten als technisch einfache Konstruktion mit wenig aufregendem oder langweiligem Design. Und dann kam der Datsun 240 Z mit einer Form, die dank der langen Motorhaube leicht an den Jaguar E erinnerte, und die Sportwagenfreunde fragten sich verwundert: So ein Coupé kommt aus Japan? Na ja, über die Urheberschaft des Designs gab es unterschiedliche Meinungen. Der deutsche Designer Graf Goertz hatte einen Vertrag mit Nissan – damals brachte der Konzern seine Modelle noch als Datsun auf den Markt – doch der war 1965 ausgelaufen. Zwar hatte er offensichtlich erste Arbeiten für das Coupé geliefert, doch nach seinem Ausscheiden machten die Japaner in Eigenregie weiter und schufen die endgültige Form. Später legte der Konzern Wert darauf, dass Nissan das Design des Erfolgsmodells, allein entwickelt hatte, und Graf Goertz erklärte: »Sie haben das Auto gebaut, aber ich zeigte ihnen wie.«

Der 240 Z, in seiner Heimat kam das Fahrzeug in Anlehnung an das Musical als Fairlady Z auf den Markt, wurde auf den Exportmärkten von einem 2,4-Liter-Sechszylinder angetrieben, der 130 PS leistete. Oberhalb von zwei Litern Hubraum wurde in Japan eine Luxussteuer fällig. Der 240 Z wurde vor allem in den USA begeistert besucht. »Ein Jaguar E für den Preis eines MGB«, schrieb ein amerikanischer Journalist.

Auto Motor und Sport kritisierte allerdings später den Innenraum und beschrieb ihn als »eher von C&A als von Jill Sander«. Bessere Noten erhielten die Sitze, auf denen der Chauffeur hervorragend saß. Insgesamt wurden vom 240 Z mehr als 156.000 Exemplare verkauft.

Bereits in der Frontansicht macht der sehr europäisch wirkende 240 Z eine gute Figur.

Für Geländeeinsätze war der 240 Z nicht gedacht, doch wenn die Werbung es so will, kommt das Coupé auch in die Natur.

Das Coupé aus Japan war eine elegante Erscheinung und war zu seiner Zeit – so das Argument der Werbestrategen – bei erfolgreichen jungen Männern beliebt.

Am 7. Dezember 1970 stand eine Kranzniederlegung am Ehrenmal für die Helden des Warschauer Ghettos auf dem Besuchsprogramm von Willy Brandt. Der seit gut einem Jahr amtierende Bundeskanzler war in die polnische Hauptstadt gereist, um den deutsch-polnischen Vertrag zu unterzeichnen, mit dem die Beziehungen zwischen Polen und der Bundesrepublik geregelt werden sollten. Nach der Kranzniederlegung sank Brandt spontan auf die Knie und verharrte so eine Weile vor dem Denkmal. Mit dieser Geste wollte der Sozialdemokrat, der später mit dem Friedensnobelpreis ausgezeichnet wurde, um Vergebung für die Verbrechen der deutschen Besatzungstruppen während des Zweiten Weltkriegs bitten. In der Bundesrepublik kam die Geste allerdings bei konservativen Zeitgenossen nicht gut an. Die Mehrheit der Bundesbürger trug aber die neue Ostpolitik mit und begrüßte den »Kniefall«.

DEZEMBER 1970

Chevrolet Blazer – Nutzfahrzeug im Anzug

Die sogenannten Sportlichen Nutzfahrzeuge eroberten in den 1990er Jahren die Märkte und verdrängten klassische Modelle wie Familien-Vans oder Kombis. Diese Entwicklung hatte in den USA bereits in den 1970er-Jahren begonnen. Bei Chevrolet kam für das Modelljahr 1970 der Chevrolet Blazer auf den Markt, der offiziell als Nutzfahrzeug auf den Markt gerollt wurde. Damals konnte man sich eine Verbindung Sport und Nutzfahrzeug noch nicht vorstellen. Die erste Generation des Blazer besaß noch eine offene Karosserie mit einem abnehmbaren Hardtop, sodass der Blazer bei entsprechendem Wetter zu einem Pickup mutieren konnte. Erst in den 1990er-Jahren bekam der Blazer ein festes Dach. Dank seiner V8-Motorisierung gehörte das Modell zu den Cruisern und fühlte sich auf den Highways zu Hause, wobei der Fahrer allerdings immer wieder korrigierend eingreifen musste, weil die typisch gefühllose amerikanische Servolenkung volle Aufmerksamkeit verlangte.

Für Fritz B. Busch, den legendären Auto-Tester der 1970er-Jahre, war der Blazer ein »Luxus Traktor für Männer, die Pfeife rauchen«. Busch, selbst passionierter Pfeifenraucher, brachte diese Art der Tabakvernichtung in vielen Artikeln unter. In seinem Fazit beschrieb Busch bereits die Vorteile der SUV, die erst viel später auf die Straße rollten: »Hoch über der Straße mit Blick auf die Dächer der anderen Autos treibt man mit Panorama-Sicht dahin. Sitzt hinter einem instrumentenübersäten Brett aus falschem Edelholz und legt den linken Arm lässig aufs Fensterbrett.«

Mit dem Blazer schuf Chevrolet ohne es zu wissen den Vorläufer der SUV. Allerdings war der Ur-Blazer noch eine eher rustikale Erscheinung und mehr Nutz- als Sportfahrzeug.

Im Gegensatz zu den aktuellen weichgespülten SUV kam der Blazer mit sehr guten Geländeeigenschaften auf den Markt.

1971 Citroën

Gute Aussichten: Allem Anschein sollen die beiden Damen das Kofferraumvolumen des GS demonstrieren.

Der GS brachte vollkommen neue Komfortwerte in die untere Mittelklasse.

GS

Auto des JAHRES 1971

Auch in nobler Umgebung war der elegant gezeichnete GS zuhause.

Wie beim Fiat 128 spielt auch beim Citroën GS der Autobianchi Primula eine tragende Nebenrolle. Die Franzosen hatten bis zur Einstellung des Primula das Modell über ihr Händlernetz vertrieben und auf ein eigenes Modell in dieser Klasse verzichtet. Nachdem aber das Ende des Primula-Produktion absehbar war, entwickelte Citroën ein eigenes Modell, das die Lücke zwischen den eher rustikalen Kleinwagen wie Ami 6 und 2CV und der großen DS schließen sollte. Das Ergebnis war der GS (Grande Série oder große Serie), und natürlich besaß die Mittelklasse-Limousine die hydropneumatische Federung und verschaffte sich so eine Einzelstellung in dieser Klasse. Die Komfortwerte wurden von keinem seiner Mitbewerber erreicht. Als Antrieb diente ein luftgekühlter Vierzylinder-Boxermotor, der wie bei der Marke üblich die Vorderräder antrieb. Der Einliter-Motor mit 54 PS – später wuchs die Leistung auf bis zu 65 PS – erreichte eine Höchstgeschwindigkeit von 150 km/h. Citroën stand stets für ungewöhnliche Lösungen, an die sich damals die deutschen Autotester nur schwer gewöhnen konnten. Beim GS war unter anderem der Lupentacho einer der Kritikpunkte. In den 1970er Jahren galt der Wankelmotor als Antrieb der Zukunft, und Citroën hatte sein Gemeinschaftsunternehmen mit NSU abgeschlossen und nutzte eine Weiterentwicklung des im NSU RO 80 eingesetzten Triebwerks. Der GS Birotor hatte dann aber zwischen 1973 und 1975 nur einen kurzen Auftritt mit einem Zweischeiben-Wankelantrieb, der 107 PS leistete. Insgesamt wurden 847 GS Birotor verkauft, und Citroën begann nach dem Ende der kurzen Produktionszeit mit dem Rückkauf der Modelle, um sich vor der Ersatzteilversorgung zu retten. Angeblich existieren heute europaweit noch 250 GS Birotor.

Volkswagen K70 – der Fremdkörper

Der K70 ist eine Art Kuckuckskind in der Volkswagen-Modellgeschichte. Entwickelt wurde die viertürige Limousine bei NSU, wo bereits der RO 80 mit seinem Wankelmotor von den Bändern gelaufen war. Das traditionsreiche Unternehmen befand sich allerdings in wirtschaftlichen Turbulenzen und war zum Übernahmekandidat mutiert. Fiat zeigte Interesse, doch am Ende sicherte sich Volkswagen den Hersteller, und NSU wurde mit Audi verschmolzen. Damit übernahm Volkswagen auch den fertig entwickelten K 70. Und nun begannen die Probleme, denn die Limousine, so dachte man zunächst in Wolfsburg, könnte zu einem ernsthaften Konkurrenten des gerade vorgestellten Audi 100 werden.
Das Technik-Magazin »Hobby« sah den K 70 bereits als »Opfer des Zusammenschlusses«, denn schließlich war die für den Genfer Automobilsalon geplante Vorstellung kurzfristig abgesagt worden. Doch dann kam alles ganz anders. Volkswagen erkannte die Qualitäten der Entwicklung, und für den K 70 wurde in Salzgitter ein eigenes Werk errichtet, wo das Modell von 1971 an gefertigt wurde. Nach 211.127 Exemplaren endete die Produktion wegen der hohen Fertigungskosten allerdings bereits 1975. In der Werbung stellte Volkswagen damals die »technische Eleganz, die technische Raffinesse und die inneren Werte« in den Vordergrund und beschrieb den K 70 als Auto »für Leute, die etwas von Autos verstehen«. Als besondere Details wurde der 1,6 Liter große Frontmotor mit maximal 90 PS und die Beschleunigung von Null auf 100 km/h in 14 Sekunden in den Vordergrund gestellt. Später stieg die Leistung auf 100 PS. Und schließlich kamen die Werbepoeten zu dem Fazit: »Der VW K70. Weniger brauchen Sie sich für Ihr Geld nicht bieten zu lassen«.
Allerdings gehörte der K 70 zu den kostspieligeren Angeboten auf dem Markt und lag knapp 2000 Euro über dem Opel Ascona. Dafür bot der Volkswagen aber auch eine für die Zeit erstaunlich vollständige Ausstattung, zu der unter anderem eine Wisch-Wasch-Automatik für die Frontscheibe, komplett verkleidete Türinnenseiten, zwei Innenraumleuchten, eine elektrische Uhr, zwei Aschenbecher sowie eine stufenlos verstellbare Instrumentenbeleuchtung gehörten. Die damaligen »Hobby-Tester« gaben dem K 70 gute Noten und beschrieben sein Fahrwerk als »idiotensicher«, obwohl die Reifen im Grenzbereich zum »schreien« neigten. Sie fanden aber auch Schattenseiten und kritisierten, dass der Aschenbecher – ja das gab es noch in den Siebziger Jahren – vom angeschnallten Fahrer nicht zu erreichen ist »und überdies geheimnisvoll funktioniert. Er öffnet sich auf Anklopfen.«
Der K 70 war während seiner gesamten Bauzeit ein Fremdkörper in der Volkswagen-Welt. Als NSU-Entwicklung gab es keine Gleichteile, mit der man die Produktionskosten hätte senken können, und deshalb liefen auch die Überlegungen einer Weiterentwicklung ins Leere. Auch eine Kombiversion wurde zwar entwickelt, aber nie realisiert. Schließlich kam 1973 der Passat auf den Markt, sodass für den K 70 kein Platz mehr in der Modellhierarchie blieb.

Mit dem K70 kam ein Modell zu Volkswagen, das die Werbung als »Auto für Leute, die etwas von Autos verstehen«, anpries.

Die VW-Werbeleute waren 1971 bereits einen Schritt weiter, nun durfte das Model auch hinter dem Lenkrad Platz nehmen.

Was macht ein K70 auf der Weide? Diese Antwort wissen allein die Werbestrategen, die dem Modell eine exklusive Bühne geben wollten.

Als Familienfreund war der K70 allein schon wegen seines Kofferraums erste Wahl.

JANUAR 1971

Seit dem ersten Januar kontrollieren die Prüfer bei der TÜV-Untersuchung, ob ein der Norm (DIN 13164) entsprechender Verbandskasten an Bord der Autos ist. Die Vorschrift war die logische Folge des 1970 eingeführten obligatorischen Erste Hilfe Kurses oder amtlich »Unterweisung in Sofortmaßnahmen am Unfallort«, der im Rahmen der Führerschein-Ausbildung absolviert werden musste.

Mercedes 350SL – Pagode, die Zweite

Mit dem 350 SL gelang Mercedes ein über 18 Jahre erfolgreiches Modell.

APRIL 1971

Am 1. April startet die Servicewelle Bayern 3 des bayerischen Rundfunks, die aktuelle Verkehrsinformationen sendet. Die entsprechenden Meldungen wurden von der Polizei an den Sender weitergeleitet, der sie stündlich verbreitete. Drei Wochen später folgte der Hessische Rundfunk mit seinem neuen Angebot HR3. Andere Sender wie der WDR integrierten die Meldungen in ihren bestehenden Programmen. Nach und nach folgten alle Sender und informierten in ihren Unterhaltungsprogrammen über Verkehrsstörungen.

Die Form des Hardtops erinnerte an die legendäre Pagode. Die Dachform war von Béla Barényi entwickelt worden.

Der 350 SL gehört zu den sichersten Fahrzeugen seiner Zeit. Der Rahmen der Frontscheibe war besonders stark ausgeführt, um auf einen Überrollbügel verzichten zu können.

Friedrich Geiger stand vor einer herausfordernden Aufgabe: Der Designer sollte nichts anderes als einen Nachfolger für das schon während seiner Bauzeit zur automobilen Legende beförderte Mercedes-Sportcoupé »Pagode« entwerfen. Geiger war mit einer kurzen Unterbrechung nach dem Zweiten Weltkrieg seit 1933 in der Kreativabteilung von Daimler-Benz und hatte vor dem Krieg bereits den Mercedes-Benz 500K gezeichnet. Der Mann hatte also ein gutes Auge. Als Chefdesigner schuf er den legendären 300 SL-Flügeltürer und übergab 1972 seinen Posten an Bruno Sacco. Das wegen seiner Dachform »Pagode« getaufte SL-Coupé sollte von einem Modell abgelöst werden, das wie sein Vorgänger auf dem US-amerikanischen Markt große Stückzahlen erreichen sollte. Geiger übernahm eine angedeutete Pagodenform für das Dach und schuf eine Formensprache, die das Mercedes-Design der Siebziger Jahre prägen sollte. Viele Elemente fanden sich später bei der S-Klasse wieder. Gegenüber dem Vorgänger war der 1971 vorgestellte 350 SL in allen Bereichen deutlich gewachsen. Damals konnte man

Der 350 SL war eine derart zeitlose Erscheinung, dass er viel länger als geplant im Modellprogramm bleiben konnte.

bei Mercedes noch von der Typenbezeichnung auf den Antrieb schließen, und deshalb kam zunächst ein 3,5-Liter-Sechszylinder zum Einsatz, der 200 PS leistete. Im Vergleich zur »Pagode« war der 350 SL wesentlich komfortabler und ließ sich mit deutlich weniger Kraftaufwand fahren - vor allem wenn die optionale Viergang-Automatik an Bord war. In den USA kam bald nach der Vorstellung ein 4,5 Liter großer V8-Motor zum Einsatz, der von den Kunden begeistert empfangen wurde. Der 350 SL war ein klassischer Zweisitzer – Notsitze im Fond konnten gegen Aufpreis geordert werden. Doch dort wollte eigentlich niemand sitzen. Daher kam im Oktober der größere SLC auf den Markt, in dem fünf Menschen Platz fanden. Im neuen SL wurden zudem die Entwicklungen von Béla Barényi verwirklicht. Der Ingenieur hatte als Leiter der Vorentwicklung bei Daimler-Benz unter anderem die Knautschzonen vorne und hinten erfunden und zahllose Patente für Elemente der passiven Sicherheit erhalten, die auch beim SL eingesetzt wurden. Dass der Mann, der mit seinen Entwicklungen wahrscheinlich viele Leben gerettet hat, selbst auf den Sicherheitsgurt verzichtete, steht dabei auf einem anderen Blatt.

Geiger wollte einen Roadster ohne Überrollbügel, und deshalb wurden die A-Säulen und die Windschutzscheibe vollkommen neu entwickelt, um die Last bei einem Überschlag aufzunehmen. Die Konstruktion erreichte eine um 50 Prozent höhere Festigkeit als bisher gebaute Lösungen. Am Ende fand die Entwicklung auch in den USA die Zustimmung der strengen Sicherheitsbehörden. Auch im Innenraum stand die Sicherheit der Insassen im Vordergrund. Das erstmals eingesetzte Vierspeichenlenkrad hatte einen großen Pralltopf. Die Armaturentafel war zum Schutz der Knie der schaumgepolstert, und die Dreipunktgurte gehörten ebenso zur Serie wie die Kopfstützen. Im Verlauf der Produktionszeit kamen noch ABS-Bremsen und ein Fahrer-Airbag in die Abteilung Sicherheit hinzu.

Anfang der 1980er Jahre begann in Stuttgart zwar die Entwicklung eines Nachfolgers, doch angesichts der guten Absatzzahlen, und weil die neuen Modelle der Baureihen W124 und W201 die Kapazitäten belegte, blieb der SL weiter im Angebotsprogramm. Erst nach 18 Jahren endete die Karriere des Modells.

Volvo P 1800 ES

– der Schneewittchensarg

Mit dem P 1800 ES wagte sich Volvo in die sportliche Klasse. Dank der Heckklappe, die dem Wagen seinen legendären Spitznamen bescherte, ließ sich das Coupé leicht beladen.

Volvo und Sportwagen? Die Schweden stehen vor allem für wuchtige Limousinen, die schon im Stand die Sicherheit einer Burg ausstrahlen. In den 1960er-Jahren wagte sich das Unternehmen allerdings in die Welt der Sportcoupés und brachte den 1800 E auf den Markt, der vor allem in den USA erfolgreich war und von Roger Moore in der britischen TV-Serie Simon Templar bewegt wurde. Die TV-Karriere verdankte der Volvo allerdings der Sparsamkeit der Produktionsfirma, der der eigentlich vorgesehene Dienstwagen für den Detektiv, ein Jaguar E, zu teuer war. In den 1970er-Jahren wurde das Coupé grundlegend überarbeitet und kam im August 1971 als 1800 ES zu den Kunden. Die Überarbeitung betraf vor allem das Heck, und diese Gestaltung brachte dem schnittigen Volvo den Spitznamen »Schneewittchensarg« ein. Chefdesigner Jan Wilsgaard setzte bei seiner Überarbeitung auf große seitliche Glasflächen und eine gläserne Heckklappe. Ob sich Wilsgaard von dem in Großbritannien in Kleinserie gebauten Reliant Scimitar inspirieren ließ, bleibt unbeantwortet. Unter der Haube arbeitete ein Zweiliter-Vierzylindermotor mit Einspritzung, der 91 PS leistete. Das reichte damals, um als Sportwagen zu gelten. Weil das Coupé auch für den amerikanischen Markt gedacht war, musste, so die Forderung der

Der P 1800 ES unterschied sich mit seiner windschnittigen Erscheinung deutlich von den anderen Volvo-Modellen.

Marketingabteilung, in das Heck eine vollständige Golfausrüstung passen. Am Ende hatte der P 1800 ES nur eine kurze Laufbahn. Die USA verschärften für 1974 ihre Sicherheitsvorschriften noch einmal, die Volvo nicht bereit war zu erfüllen. Deshalb war nach zwei Jahren und rund 8000 Exemplaren Schluss für den »Schneewittchensarg«.

Mit 91 PS war der P1800 ES für die 1970er-Jahre sportlich motorisiert. Doch nach gerade 8000 Exemplaren endete seine Laufbahn.

MAI 1971

Auf dem von ihm gemieteten Hockenheimring stellt Georg von Opel am 17. und 18. Mai mit einem umgebauten Opel GT sechs Geschwindigkeitsrekorde für elektrisch angetriebene Fahrzeuge auf. Der Opel GT erreichte dank der elektrischen 160 PS in der Spitze knapp 190 km/h. Das Coupé war speziell für diese Rekordfahrten vorbereitet worden. Eine Serienfertigung war damals nicht vorgesehen. Die Reichweite war mit 44 Kilometern zu übersichtlich, und auch das Gewicht der Nickel-Cadmium-Batterie (500 Kilogramm) stand dem entgegen.

Alfa Romeo Alfasud – das Streikopfer

Der Alfasud brachte alles mit, was die Kundschaft erwartete: Vier Türen, ein gutes Fahrwerk und viel Platz – wären da nur die Rostprobleme nicht gewesen....

Wer weiß, wie der Alfasud heute im Rückblick bewertet würde, hätten die Arbeiter im süditalienischen Werk bei Neapel nicht ausgiebig gestreikt? Und noch ein Konjunktiv: Was wäre geschehen, hätte die Werksleitung damals nicht entschieden, die Wind und Wetter ausgesetzten Rohkarossen in die Produktion zu nehmen anstatt sie zu verschrotten? Das Werk in Pomigliano d'Arco bei Neapel war 1968 gegründet worden, um den armen Süden Italiens zu industrialisieren und Arbeitsplätze zu schaffen. Hier lief im Herbst 1971 der erste Alfasud von den Bändern. Mit dem Modell wollte Alfa Romeo neue Kundenschichten erschließen.

Am Design war der damals allgegenwärtige Giorgio Giugiaro beteiligt, wobei ihm eine Form gelang, die später von anderen Herstellern aufgegriffen wurde. Allerdings hatte der Stardesigner die Möglichkeit übersehen, am Schrägheck eine Klappe einzuplanen. So blieb nur eine kleine Öffnung, um den Gepäckraum zu bestücken. Der als Zwei- und Viertürer angebotene Alfasud brach mit der vermeintlich unabänderlichen Tradition des Heckantriebs bei der Marke. Der Fronttriebler war von Grund auf neu entwickelt worden und war ein gelungenes Auto, das von vielen Zeitgenossen gekauft wurde, die sich einen »echten Alfa« bis dahin gar nicht leisten konnten.

In Italien war der Alfasud gegen den Fiat 128 positioniert. Der 1,2 Liter Boxermotor leistete am Anfang 62 PS, später stieg die Leistung auf bis zu 95 PS. Bei einem Gewicht von 830 Kilogramm war eine sportliche Fortbewegung, wie sie zu einem Alfa Romeo gehörte, garantiert. Der Wechsel zum Frontantrieb war den Entwicklern bestens gelungen, und auch das Fahrverhalten war hervorragend. Der Alfasud, den es auch als (hässlichen) Kombi und später als (sehr gelungenes) Coupé (Sprint) gab, war erfolgreich, bis die Gewerkschaft Alfa Romeo von Mitte 1971 bis Februar 1972 bestreikte und schließlich siegte. Es gab zwar mehr Lohn, doch der Ruf des ohnehin nicht sonderlich aufwendig gegen Rost geschützten Alfasud war irreparabel beschädigt.

Die professionellen Tester lobten das angenehme Fahrverhalten des kleinen Alfa.

Für das Paar ohne Nachwuchs kam der Zweitürer in Frage.

In Wolfsburg übernimmt der gelernte Kfz-Mechaniker Rudolf Leiding den Vorstandsvorsitz bei Volkswagen. Er löst Kurt Lotz ab und beendet als erstes die Entwicklung des Käfer-Nachfolgers EA 266. Die Produktionskosten des von Ferdinand Piech entwickelten Mittelmotor-Modells waren zu hoch. Stattdessen brachte Volkswagen unter seiner Leitung die Modelle Passat, Scirocco und Golf sowie Polo auf den Markt und fuhr wieder in die schwarzen Zahlen. 1975 wurde Leiding von Toni Schmücker abgelöst.

SEPTEMBER 1971

Lamborghini Miura – für Schlangenmenschen

Mit einer Höhe von gerade 1,05 Metern verlangte der Lamborghini Miura von seinen Besitzern ausgesprochen starke gymnastische Fähigkeiten. Marcello Gandini aus dem Bertone Designbüro hatte den Sportwagen entworfen, dessen Konzept Gian Paolo Dallara als Lamborghini-Chefingenieur entwickelt hatte. Hinter den beiden Sitzen war ein Mittelmotor platziert worden, der auf der einen Seite für eine günstige Gewichtsverteilung verantwortlich war, gleichzeitig aber seine Leistung den beiden Insassen unmissverständlich mitteilte. 1971 kam mit dem Miura SV eine 385 PS starke Variante auf den Markt, die – so zeitgenössische Messungen – mit einer maximalen Geschwindigkeit von 295 km/h nur knapp an der 300-km/h-Marke scheiterte. Insgesamt wurden vom dem begeisternd schönen Miura nur 475 Exemplare produziert.

Der Lamborghini Miura gehörte in den 1970er-Jahren zu den aufregendsten Erscheinungen auf der Straße.

OKTOBER 1971

Daimler-Benz meldet ein Patent für den Airbag an. Ein erstes Patent hatte sich bereits 1951 der deutsche Erfinder Walter Linderer gesichert, allerdings fehlte damals die passende Sensorik, und deshalb mussten die Autofahrer noch bis in die siebziger Jahre warten, bis Daimler diese lebensrettende Technik entwickelte. Allerdings dauerte es noch einmal zehn Jahre, bis der Airbag in einem Automobil montiert wurde. 1981 kam die S-Klasse mit dem lebensrettenden Prallsack auf den Markt.

Ferruccio Lamborghini, Firmenpatriarch und passionierter Winzer, entwickelte sein Unternehmen vom Trecker-Produzenten zum Hersteller exklusiver Sportwagen.

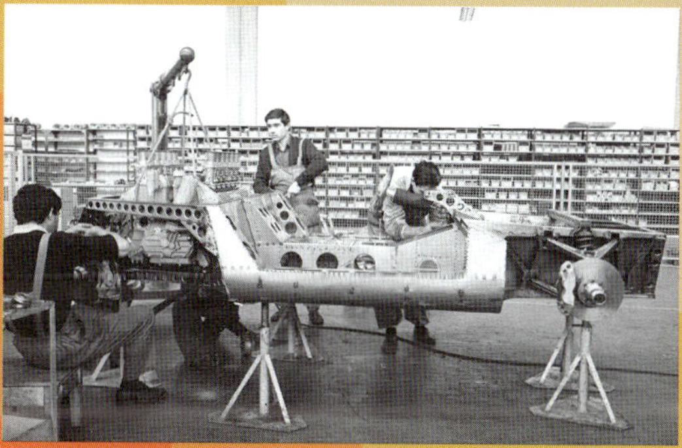

Bei der Produktion des Miura ging es bei Lamborghini in der Emilia Romagna noch sehr rustikal zu. Hier nimmt im Oktober 1965 der Prototyp Gestalt an.

Der Miura war das Werk von Marcello Gandini, der damals als Designer für Betrone arbeitete.

Die Sauerlandlinie A45 ist fertiggestellt. Die neue Autobahn, die zwischen Dortmund und Aschaffenburg verläuft, ist die erste nach dem Ende des Krieges gebaute Strecke, die nicht auf die Reichsautobahnpläne zurückgeht.

Ford Bronco

– Ungezähmt

Ford hatte in den 1970er-Jahren zwei Pferde im Stall: der Mustang stand am Anfang einer neuen Fahrzeugklasse, den sogenannten Pony Cars, und der Bronco, ein kompakter Geländewagen, der vor allem dem Jeep CJ-5 Konkurrenz machen sollte. Das erste Konzept entwickelte der Ford-Produktmanager Donald N. Frey, der bereits den Mustang konzipiert hatte, und Lee Iacocca gab grünes Licht, um aus dem Konzept ein neues Modell entstehen zu lassen.

Nach dem Mustang stellte Ford den Geländegänger Bronco in seinen Stall. Technik und Design wiesen ihn als rustikalen Begleiter aus.

Auch wenn das Gewässer für andere unerreichbar scheint, ist der Bronco der beste Helfer.

Die weitere Entwicklung lag in den Händen von Paul G. Axelrod, der sich für die Konstruktion bei dem Pickup F100 mit Allradantrieb bediente. Beim Design hieß die Devise alles so einfach wie möglich zu entwerfen, und deshalb trug die erste Generation

DEZEMBER 1971

Am 14. Dezember 1971 pilgert die Prominenz in ein Münchner Kino, um die Welturaufführung von »James Bond 007 – Diamantenfieber« zu erleben. In diesem Film rettet Sean Connery in der Rolle des MI6-Agenten wieder die Welt vor dem Untergang. Für Sean Connery war »Diamantenfieber« gleichzeitig der letzte Auftritt als Agent Ihrer Majestät. Connery fühlte sich bei den vorangegangenen Filmen unterbezahlt und hatte sich bereits von der Rolle verabschiedet, und deshalb übernahm der Australier George Lazenby seine Rolle im vorangegangenen Abenteuer. Lazenby

Auch Motorsport-Ikone Parnelli Jones setzte auf den Ford Bronco. Sein 1969er-Modell taufte er liebevoll »Big Oly« und trat damit bei verschiedenen Rallye-Veranstaltungen an.

des Bronco, die bis Mitte der 1970er-Jahre gebaut wurde, eine sachliche Nutzfahrzeug-Karosserie mit glatten Flächen und einfachen Stoßfängern. Der Bronco ging für 2194 Dollar an den Start, doch nach einem Blick in die Optionsliste ließ sich der Preis deutlich steigern. Unter anderem konnte man auch einen Antrieb für einen Schneepflug ordern. Anfangs wurde der Bronco von einem 2,8-Liter-Sechszylinder angetrieben, später folgte ein Fünfliter-V8, der nachgereicht wurde, weil der Chevrolet Blazer deutlich erfolgreicher war. 1973 kam ein Automatikgetriebe und eine Servolenkung in die Aufpreisliste, und 1977 folgte eine gründliche Überarbeitung.

konnte die Produzenten nicht überzeugen, und deshalb kam der schottische Schauspieler wieder ins Spiel. Erst nachdem man ihm 1,25 Millionen Dollar und eine Beteiligung von 12,5 Prozent am Einspielergebnis angeboten hatte, willigte Sean Connery ein, ein letztes Mal die Rolle zu übernehmen und wurde so zum bestbezahlten Schauspieler seiner Zeit. Neben Sean Connery spielten bei allem Filmen der Bond-Serie Autos eine wichtige Rolle. In Diamantenfieber traten, neben einem Mustang Mach I, auch ein Triumph Stag und ein Aston Martin DBS auf.

Fiat 127

Auto des JAHRES 1972

Fiat entwickelte, wenn es um die Ehre ging, das europäische Auto des Jahres zu stellen, besondere Aktivitäten. Und daher ist es nicht verwunderlich, dass nach dem erfolgreichen 128 der 127 im Jahr 1972 als Sieger aus der europaweiten Wahl hervorging. Der 127 löste den 850 mit Heckmotor ab und war eine vollkommen neue Entwicklung. Der 47 PS starke Einliter-Vierzylinder trieb nun vorne eingebaut die Vorderräder an und beschleunigte die Kleinwagen auf stattliche 140 km/h. Vom 128 wurden viele Komponenten übernommen, und die Kunden griffen begeistert zu. Der 127 war einer der ersten modernen Kleinwagen, und seine Schrägheck-Karosserie – offensichtlich waren die Designer in Turin mutiger geworden – sollte in den kommenden Jahren zum Standard in dieser Klasse werden. In der ersten Version hatten die Designer allerdings ein wichtiges Detail übersehen. Der erste 127 hatte nur eine kleine Kofferraumöffnung, und mit einjähriger Verspätung kam die Variante mit einer großen Heckklappe und umlegbaren Rücksitzen auf den Markt, sodass der Besuch des schwedischen Möbelhauses leicht zu bewältigen war. Angeblich bot der kleine 127 Platz für fünf Personen, die sich allerdings im Fond extrem nahekamen.

Der kleine 127 setzte den Standard für pfiffige Kleinwagen.

Der 127 löste den 850 ab und fortan war alles anders: Der Motor befand sich vorne und trieb die Vorderräder an.

Renault 5 – die Knutschkugel aus Frankreich

Der R5 nahm mit seinem Design eine Sonderstellung im Kleinwagensegment ein.
Die von Michel Boué entworfene Form brach mit den traditionellen Vorstellungen.

Die Entscheidung, welches Modell zum »Auto des Jahres« gekrönt wurde, ist nicht immer nachvollziehbar. Der Renault 5, 1972 auf dem Genfer Automobilsalon vorgestellt, hätte den Titel allemal verdient gehabt, wurde aber vom Audi 80 geschlagen. Der französische Staatskonzern hatte mit dem R5 eine vollkommen neue Entwicklung auf den Markt gerollt, die sich deutlich vom eher rustikalen R4 abhob und ein neues Design in die Angebotspalette brachte. Zwischen 1972 und 1996 entstanden mehr als neun Millionen Modelle. Wie beim R4 hatte der R5 die sogenannte Revolverschaltung und wurde anfangs von einem 782 ccm großen Motor angetrieben, der 34 PS leistete. Für den Export gab es dank eines auf 845 ccm vergrößerten Antriebs zwei PS zusätzlich. Renault befand sich Anfang der Siebziger Jahre in einer schwierigen Phase, die von Arbeitskämpfen gekennzeichnet war, und außerdem benutzte die Regierung »ihren Konzern« als Testfeld für kostspielige soziale Wohltaten, die sich wenig positiv auf die Bilanzen auswirkten.

Vor dem Entwicklungsstart hatte Renault eine aufwendige Kundenbefragung veranstaltet, die bereits 1967 begann. Mit den Ergebnissen betraut, begann der junge Hausdesigner Michel Boué mit dem Entwurf des Kleinwagens, der in seiner Konzeption vom Mini beeinflusst war. Allerdings spendierte Boué dem »Kleinen« eine große Heckklappe und Stoßfänger aus Kunststoff, damals eine Neuheit in der chromverliebten Designlandschaft. Später musste Boué erleben, wie sein Design durch eine für den spanischen Markt entwickelte hässliche Stufenheck-Version verunstaltet wurde. Der R5 besaß im Gegensatz zum R4 und R6, die beide weiter angeboten

Mit dem R5 begann bei Renault eine neue Zeitrechnung. Der R5 trat auf dem Markt gegen den Mini an.

Das großzügige Faltdach ließ die Sonne in den R5.

Vor dem Serienstart hatte Renault eine aufwendige Kundenbefragung veranstaltet und mit dem R5 offensichtlich die richtige Antwort gefunden.

wurden, zudem eine selbsttragende Karosserie und der Kofferraum ließ sich von 215 Liter auf 900 Liter vergrößern. Im Laufe der Jahre stieg die Motorleistung kontinuierlich an und erreichte mit dem R5 Turbo und seinen 160 PS den Höhepunkt. Der für den Rallyeeinsatz entwickelte Renault Maxi 5 Turbo kam auf 408 PS.

Fiat X1/9

– der Flitzer

Fiat war in den 1970er-Jahren eine Macht in Italien. Der Marktanteil lag deutlich über der 50-Prozent-Marke, und die Modellpalette bot für jede Kundengruppe das passende Gefährt. Vom 500 bis zur großen Limousine 130, mit dem die Marke 1969 in die Welt der Luxus-Limousinen zurückgekehrt war, belegte Fiat alle Segmente. Der X 1/9 kam Ende 1972 als Nachfolger des betagten 850 Sport Spider auf den Markt. Der sportliche Ableger des Fiat 128 war bei Bertone entstanden, der das Coupé auch in seiner Fabrik produzierte. Zur allgemeinen Überraschung verlegte Bertone den Antrieb hinter die beiden Sitze. Mit dem Mittelmotorkonzept hatte Bertone bereits vorher experimentiert und brachte diese Lösung nun in die Massenproduktion. Allerdings versprach die Form des X1/9 mehr Dynamik als sein Antrieb erfüllen konnte, denn der 1,3-Liter-Motor leistete überschaubare 75 PS, und die Kraftübertragung übernahm ein Vierganggetriebe. Dank des geringen Gewichts erreichte der Zweisitzer immerhin etwas mehr als 170 km/h. Die Heckscheibe war festmontiert, sodass der X1/9 als Targa-Coupé auf den Markt rollte. Das Kunststoffdach wanderte bei offener Fahrt in den Kofferraum. Bertone hatte seine Schöpfung als »Sicherheitscabriolet« entwickelt, und war dabei offensichtlich erfolgreich, denn der Zweisitzer mit seiner Keilform erfüllte neben der S-Klasse von Mercedes-Benz als einziges Modell die strengen, 1975 eingeführten Crashanforderungen der amerikanischen Sicherheitsbehörden. Ende 1973 stand der X1/9 kurz vor einer Rallye-Karriere. Sechs Prototypen des X1/9 Abarth mit einer stark veränderten Karosserie wurden als Konkurrent zum Lancia Stratos aufgebaut. Am Ende schickte Fiat aber den 131 Abarth auf die internationalen Rallyepisten. Als »Icsunonove« wurde allerdings ein von Bertone mit einer GFK-Karosserie verkleideter und von einem überarbeiteten Motor mit 16-Ventil-Zylinderkopf angetriebener Zweisitzer vor allem bei Bergrennen eingesetzt. Das Fahrwerk steuerte Dallara bei.

In den 1970er-Jahren spielten junge Frauen neben Auto in der Werbung eine wichtige Rolle – auch Fiat bildete da keine Ausnahme.

Der X1/9 war von Bertone als Sicherheitscabriolet entwickelt worden. Das Dach verschwand während der offenen Fahrt im Kofferraum.

Der Zweisitzer mit Mittelmotor fand sich auch im automobilen Alltag gut zurecht.

Der X1/9 erfüllte als einziges Cabrio neben demjenigen der Mercedes-S-Klasse die strengen amerikanischen Vorschriften.

Ford Granada – der Aufsteiger

Der Granada war vor allem bei Vielfahrern beliebt. Das Modell bot viel Ausstattung und ausreichende Leistung für einen überschaubaren Tarif.

In den 1970er-Jahren hatte Ford eine Modellpalette, die vom kleinen Fiesta bis zu Limousinen und Kombis in der gehobenen Mittelklasse reichte. Wobei die Mittelklasse damals vor allem bei Taxifahrern und Außendienstlern beliebt war. Neben dem Granada, der auf die Oberklasse zielte und 1972 auf dem Genfer Automobilsalon seine Premiere hatte, lief noch eine einfacher ausgestattete Variante als Consul von den Bändern in Köln und im britischen Dagenham. Während der Consul zumeist mit Vierzylindermotoren ausgeliefert wurde, gab es den Granada bis 1975 ausschließlich mit Sechszylinder-Antrieben, was den Anspruch des Aufstiegs in neue Sphären unterstreichen sollte. Für den Consul konnte sich die Kundschaft allerdings weniger erwärmen, stand der Wagen doch dafür, dass man sich die luxuriösere Variante nicht leisten konnte – und wer wollte dieses Statement schon vor dem Haus stehen haben. Deshalb endete die Karriere des Consul ziemlich schnell, und der Granada fuhr weiter bis in die 1980er Jahre. Wer damals einen Sechszylinder vor der Haustür stehen hatte, zeigte der Nachbarschaft, dass man es zu etwas gebracht hatte. Beim Modellnamen hatte Ford etwas hoch gegriffen, denn während die andalusische Stadt für südländisches Temperament steht, kam der Granada doch eher bieder daher mit einer plüschigen Innenausstattung und einer rundlichen Karosserie, die bei der Modellpflege später etwas schärfer gezeichnet wurde. Der Granada war eine sehr angenehme und komfortable Limousine, die allerdings wie fast alle Modelle aus dieser Zeit unter Rostfraß litt.

Der Kombi war vor allem bei Großfamilien und Handwerkern beliebt, die auf der schier endlosen La-

Der Granada diente auch als Transporter, um ausgefallene Fotoideen umzusetzen.

defläche ihre Werkzeuge unterbringen konnten. Bei der Entwicklung der 1972 auf dem Genfer Automobilsalon vorgestellten Baureihe hatten die britischen und deutschen Ingenieure zusammengearbeitet, was in jenen Jahren nicht immer reibungslos verlief. Zu den damals unverzichtbaren Ausstattungselementen gehörte in den gehobenen Varianten das mit Vinyl überzogene Dach, dessen Nutzen sich schon damals niemandem erschloss.

Der Granada-Kombi war vor allem bei türkischen Gastarbeitern beliebt, um mit viel Gepäck in die Heimat zu reisen. Als der damalige Ford-Vorstand in einem Interview mit dem Magazin »Stern« erklärte, der Scorpio sollte als Nachfolger des Granada »das Türken-Image« ablegen, brach in Köln ein Sturm der Entrüstung los und rief den Betriebsrat auf die Barrikaden, und die Geschäftsleitung verbrachte viel Zeit damit, die Wogen zu glätten.

Die Limousine gehörte zu den angenehmen Erscheinungen in der gehobenen Mittelklasse.

Geschafft! Für die Aufsteiger aus der einfachen Mittelklasse war der Granada die erste Wahl und ein begehrtes Statussymbol.

Volkswagen Käfer – Der Weltmeister

Und er lief noch immer – auch in den 1970er-Jahren. Es gab modernere Angebote, doch die Welt blieb dem im Volkswagen-Jargon nüchtern als Typ 1 bezeichneten Modell treu. Seit 1945 rollte der »Käfer« von den Bändern und übertraf am 17. Februar 1972 das Ford Model T als meistgebautes Fahrzeug der Automobilgeschichte. Der Golf war Anfang der 1970er-Jahre zwar schon in Planung, doch waren sich die Verantwortlichen noch nicht einig, wie die automobile Zukunft in Wolfsburg aussehen sollte. Erst der neue VW-Chef Rudolf Leiding stellte die Weichen in Richtung Frontmotor und -antrieb. Der »Käfer« war in den 1970er-Jahren schon ein rollendes automobiles Fossil. Die Entwicklung hatte in den 1930er-Jahren begonnen, als Ferdinand Porsche im Auftrag von Adolf Hitler einen Wagen für das Volk entwickelte. Dabei nutzte er unter anderem Ideen von Béla Barényi, später Leiter der Vorentwicklung bei Daimler-Benz. Für die 1970er Jahre wurde die betagte Konstruktion noch einmal aufgefrischt und kam als 1302/1302 S auf den Markt. Die Wolfsburger Ingenieure hatten vor allem die Aufhängung der Vorderräder gründlich überarbeitet, sodass der sogenannte Kofferraum vorne auf immer noch überschaubare 260 Liter wuchs. Die passive Sicherheit wurde durch eine Sicherheitslenksäule (auch eine Barényi-Entwicklung) auf den Stand der Technik gebracht. Beim 1302S kam der 1,6-Liter-Boxer mit 50 PS zum Einsatz und beim 1302 wuchs die Leistung auf 44 PS. Der Nachfolger des 1302 kam bereits 1972 auf den Markt und unterschied sich vom Vorgänger vor allem durch eine neue Panorama-Frontscheibe, die den neuen Sicherheitsvorschriften in den USA geschuldet war. Damals waren die USA noch immer ein wichtiger Markt für den Käfer. Neben den neuen »Leistungsträgern« blieben die Versionen 1200 und 1300 im Programm. Das in Osnabrück von Karmann produzierte Cabriolet mutierte zum 1300 LS, und auch die Karmann-Ghia-Coupés und Cabrios rollten in Osnabrück weiter aus der Fabrik. Die Grundzüge der Konstruktion hatten sich seit dem Auftakt der Produktion nach dem Zweiten Weltkrieg nicht verändert: Luftgekühlter Heckmotor, zwei Türen, enger Innenraum, wenig Kofferraum, eine Heizung, die entweder eine Saunaatmosphäre oder sibirische Frische in den Innenraum brachte, und einen markant aufheulenden Motor. Eigentlich alles Gründe, die gegen den Käfer sprachen, und trotzdem wurde das Modell bis 2003 produziert – zuletzt in Mexiko, wo der Typ 1 sogar als Taxi eingesetzt wurde.

Für den Käfer gab es eine unüberschaubare Menge von Ausstattungen, mit denen sich das Innere und das Äußere aufwerten ließ.

Der Volkswagen Typ 1 war in allen Altersklassen beliebt und wurde so zu einem klassenlosen Automobil.

Der amerikanische Einfluss führte zur Panorama-Frontscheibe und vergrößerten Blinkern auf den Kotflügeln.

Ein Käfer für die ganze Familie. Auch das Cabriolet entwickelte sich im Laufe der Jahre zum Bestseller.

Opel Rekord D

– der Zuverlässige

Für Opel war der Rekord bis in die 1980er-Jahre eine wichtige Absatz-Säule, und für die Kundschaft stellte die Baureihe die in Blech geformte Mittelklasse dar. Das Modell war zwar nicht sonderlich aufregend, verkörperte aber die sprichwörtliche Zuverlässigkeit der Modelle aus Rüsselsheim und war bei Familien und Handelsreisenden ebenso beliebt wie bei Handwerkern, die in der Kombi-Version, Caravan genannt, ein wichtiges Werkzeug sahen. Der erste Rekord war 1953 als Olympia Rekord auf die deutschen Straßen gerollt, wobei die Form von der General-Motors-Zentrale in den USA vorgegeben war. Die deutschen Kreativen durften lediglich einige Details verändern. Ohne den Zusatz »Olympia« kam 1957 der erste »richtige Rekord« auf den Markt und trug ein Design, das mit der Panorama-Frontscheibe und den angedeuteten Heckflossen stark an die damals in den USA üblichen Formen erinnerte. Das »amerikanische Design« beherrschte lange die Opel-Fahrzeuge, und erst der Rekord D wurde auch stilistisch zu einem deutschen Auto, dessen Form allerdings vom amerikanischen Designer Charles M. Jordan geschaffen wurde. Der Mann arbeitete zwischen 1967 und 1970 in Rüsselsheim und hatte die Devise ausgegeben, »keine langweiligen Autos« auf die Straße zu bringen. Während der kurzen Zeit entwarf er neben dem Rekord D auch den Ascona und Manta. Der 1972 auf dem Brüsseler Automobilsalon vorgestellte Rekord D war ein sachlich entworfenes Automobil ohne überflüssigen Schnickschnack und fast ohne Chromschmuck. Um die Kundschaft nicht auf eine falsche Diesel-Fährte zu führen, mutierte der Rekord D in der Werbung zum Rekord II. Die Diesel-Variante folgte 1972 mit einem 2,1-Liter-Aggregat, die vor allem bei Taxiunternehmen beliebt war. Die Benziner-Fraktion wurde von Motoren mit 1,7 bis 2,0 Liter und mit 66 bis 100 PS angetrieben. Neben der Limousine und dem Caravan stand auch ein Coupé, das sich allerdings nicht deutlich von der Limousine unterschied, bei den Händlern. Das Fahrwerk des Rekord D war überarbeitet worden, behielt aber die hintere Starrachse. Zum ersten Mal hatten die Opel-Entwickler bei diesem Rekord die Karosseriestabilität mittels Computer berechnet. Das Design des Caravan war zwar elegant, doch ging die Form auf Kosten der Ladekapazität, sodass viele Handwerker zur Kölner Konkurrenz wechselten. Wie viele Modelle fuhr auch der Opel Rekord D während der Ölkrise 1973/74 in eine tiefe Absatzkrise. Die Zulassungen brachen um die Hälfte ein, woraufhin Opel mit zahlreichen Sondermodellen reagierte. Unter anderem kam 1976 die Version Maharadscha auf den Markt – »ein fürstliches Auto zum günstigen Preis«. Ein Maharadscha aus Rüsselsheim. Auf diese Idee muss man erst einmal kommen. Zu den prominenten Opel-Kunden zählte der damalige Bundeskanzler Helmut Schmidt, der privat einen Rekord D 1900 in L-Ausstattung fuhr.

Mit seinem eigenständigen Design schlug der Rekord D ein neues Kapitel in der Opel-Geschichte auf.

Der Rekord D war zu seiner Zeit der Inbegriff der Mittelklasse, und genau dort befanden sich die Kunden.

Beim Antrieb bot Opel Aggregate mit 1,7 bis zwei Liter und 66 bis 100 PS an.

Der Rekord D gehörte zu den erfolgreichsten Modellen, die je in Rüsselsheim gebaut wurden.

Opel Commodore B – für Aufsteiger

Auf dem Prüfstand wurde der Commodore ausführlich getestet.

Symbol für den wirtschaftlichen Aufstieg: Wem der Rekord nicht reichte, der griff zum Commodore.

Commodore-Parade: Dreimal Aufstieg à la Rüsselsheim. Die »Kriegsbemalung« (ganz links) blieb nicht lange im Programm – die Commodore-Käufer bevorzugten es eher schlicht.

Wer es in den Siebziger Jahren zu Wohlstand gebracht hatte, wollte dies auch mit seinem Automobil zeigen. Für viele Zeitgenossen waren die Zeiten im engen und heulenden Volkswagen-Käfer vorbei – sie verlangten mehr Komfort, mehr Leistung und vor allem mehr Prestige, und der drückte sich auch in der Zahl der Zylinder aus, die unter der Haube für den Antrieb sorgten. Sechs Zylinder waren allerdings vor allem den Erzeugnissen aus München oder Stuttgart vorbehalten und entsprechend kostspielig. Ford und Opel erkannten ihre Chancen und brachten Großserienmodelle mit dem begehrten Antrieb auf den Markt. Bei Opel übernahm der Commodore B vom März 1972 die Rolle, vielen Menschen den Aufstieg in die Sechszylinder-Gesellschaft zu ermöglichen. Das neue Modell – im Prinzip ein aufgehübschter Rekord, löste den 1967 vorgestellten Commodore A ab, der bereits 1967 als Reaktion auf die Sechszylinder-Offensive von Ford an den Start geschoben worden war. Der Commodore profitierte auch davon, dass der 2,8-Liter-Motor, der im Admiral arbeitete, durch das neue Modell rentabel wurde, und so ermöglichte der Commodore gleichzeitig das Überleben der großen Opel-Limousine bis zum Jahr 1977. Opel konnte den Commodore auch deshalb vergleichsweise preiswert produzieren, weil man in Rüsselsheim auf den Rekord zurückgreifen konnte. Wenn man so will, war der Commodore eine Art »Rekord mit Krawatte«. Die Unterschiede zum Rekord beschränkten sich auf eine neue Frontpartie und einige andere kosmetische Eingriffe. In der Werbung hoben die Marketingexperten das besonders günstige Preis-Leistungsverhältnis hervor. Der Commodore 2,5 Special zum Beispiel wurde zum »6-Zylinder, bei dem Sie voll auf ihre Rechnung kommen.« Und: »umso erfreulicher ist, daß der Preis im umgekehrten Verhältnis zu dem hohen Leistungs- und Ausstattungsniveau liegt.« Angeboten wurde das Modell als viertürige Limousine und Coupé in den beiden Ausstattungsvarianten Commodore (115 PS) und GS, letztere mutierte später dank Benzineinspritzung zum GS/E (mit 160 PS). In der Aufpreisliste, die ein Opel-Sprecher mal als »Gelegenheit, das Auto zu individualisieren« schönredete, durfte damals das Vinyldach nicht fehlen. Die anfangs angebotene »Kriegsbemalung« verschwand sang und klanglos aus der Liste. Der Commodore-Fahrer wollte dezent auftreten. Das Fahrwerk des GS besaß Gasdruck-Stoßdämpfer, sodass die Federung noch ein wenig härter wurde. Dafür besaß der Wagen eine hervorragende Straßenlage.

Vorausschauende Werbung aus Rüsselsheim – heute ist der Commodore längst ein begehrter Klassiker.

Fiat 132 – Wachstum

Dynamische Auftritte waren der biederen Limousine weitgehend fremd. Aber für die Werbung lohnt sich ein Sprung.

Die Modellpalette von Fiat in den 1970er-Jahren war eine seltsame Mischung aus der Vergangenheit (500) und Zukunft (Ritmo). Am oberen Ende des Angebots stand der 132, der im April 1972 auf die Straßen kam und die Baureihen 125 und 125S ablöste. Das neue Modell war 16 Zentimeter länger und zwei Zentimeter breiter als der beliebte Vorgänger. Damals war das Stufenheck noch unumstrittene erste Wahl bei den Kunden. Das eher langweilige Design stammte von Marcello Gandini und wurde bei der Vorstellung von der Fachpresse als »zu japanisch« kritisiert.

Die siebziger Jahre waren auch eine Zeit der verbesserten Rostvorsorge, und deshalb wurden die Karosserien des 132 mit einem Elektrophorese-Verfahren gegen Korrosion geschützt. Der 132 war ein angenehmer und komfortabler Reisewagen, der zu Beginn von einem 1,6-Liter-Vierzylinder mit maximal 98 PS angetrieben wurde. Bei der Kraftübertragung konnten die Kunden zwischen einem Vier- und Fünfganggetriebe sowie einer Dreigangautomatik wählen. Der 132 machte auch international Karriere. In Spanien kam er als Seat auf den Markt, und in Südkorea lief er von 1979 an bei Kia von den Bändern. Außerdem wurde er in Sambia montiert. 1977 stieg er nach der Produktionseinstellung des 130 zum Topmodell der Marke auf.

Der 132 kam mit einen unscheinbaren Design, das man auch langweilig nennen konnte, auf den Markt.

Der 132 wurde 1977 nach dem Produktionsende des 130 zum Fiat-Topmodell.

In einer exklusiven Umgebung sollte der 132 glänzen.

FEBRUAR 1971

Am 7. Februar wird in Wolfsburg Geschichte geschrieben. Mit dem Käfer Nummer 15.007.034, einem 1302 S in marathonblaumetallic, übertrifft Volkswagen den Produktionsrekord des Ford Model T. Die Produktion des VW Käfer endet erst im Jahr 2003 in Mexiko nach rund 21, 5 Millionen produzierten Exemplaren.

BMW Fünfer
– die ganz neue Klasse

Was wäre die deutsche Automobilindustrie der Siebziger Jahre ohne Bob Lutz. Der Mann war bei Ford ebenso unterwegs wie bei Opel und natürlich auch bei BMW. Fehlt eigentlich nur noch Mercedes-Benz, doch dort verzichtete man auf seine Dienste. Anfang der 1970er Jahre war Lutz Marketing-Vorstand in München und für die Neuausrichtung der Baureihenordnung bei BMW verantwortlich. Den Auftakt machte im Sommer 1972 die Fünfer-Reihe, wobei unbekannt ist, warum ausgerechnet die »Fünf« als Start gewählt wurde. Auf jeden Fall ermöglichte die Wahl die Entwicklung weiterer Modelle über und unter der Fünf, die eine Mittelposition einnimmt. Passt dann doch, denn der BMW 5er versteht sich als BMW-Angebot in der oberen Mittelklasse, mit der die sogenannte Neue Klasse abgelöst wurde, die BMW wieder auf die Erfolgsspur gebracht hatte.

Der 2000 hatte ausgedient, und der neue Fünfer war im Vergleich ein echter Fortschritt. Vor allem die Mitfahrer im Fond wussten die neue Kniefreiheit zu schätzen. Die neue Baureihe schloss die Lücke zwischen den kompakten 2002-Modellen und den großen Sechszylindern. Das Design schuf Paul Bracq, der auch für den Siebener verantwortlich zeichnete.

Die ersten Kunden konnten zwischen einer Vergaserversion mit 115 PS und einem Einspritzer mit 130 PS wählen. Die Kraftübertragung übernahm wahlweise ein Vier- oder Fünfganggetriebe oder eine Dreigangautomatik. Die Fünfer-Reihe wurde schnell weiter ausgebaut, und bereits im September 1973 stand bei der Internationalen Automobilausstellung in Frankfurt der 525 mit dem bewährten 2,5-Liter-Sechszylinder, und am anderen Ender der Leistungspalette kam 1974 der 518 auf den Markt, mit dem BMW auf die neue Sparwelle bei den Automobilisten reagierte. Wie die Typenbezeichnung verriet, wurde der 518 von einem 90 PS starken Vierzylinder angetrieben. Damals verzichteten viele Kunden auf die Zahlenkombination am Heck, um dem Rest der Welt nicht zeigen zu müssen, dass es lediglich zum »kleinen Fünfer« gereicht hatte.

Freude am Fahren war das Motto von BMW, und der Fünfer lieferte genau, was die Werbung versprach.

Beim Design setzte BMW auf sachliche Formen und verzichtete auf überflüssiges Beiwerk.

Der 520 gehörte zu den beliebtesten Varianten der Fünfer-Reihe, das Erfolgsmodell eröffnete im Jahr 1973 auch die Montagelinie im neuen BMW-Werk in Dingolfing.

Mercedes W116
– die erste S-Klasse?

Die Antwort auf die Frage, wann die Geschichte der S-Klasse beginnt, ist umstritten. Während die Haus-Historiker bei Mercedes-Benz den Termin in die sechziger Jahre verlegen, hält sich hartnäckig die Version, dass die erste S-Klasse am 25. September 1972 an der spanischen Costa Brava vorgestellt wurde. An diesem Datum präsentierte Mercedes die Baureihe W116 der Öffentlichkeit. Ursprünglich sollt die neue Modellreihe auf der IAA 1971 in Frankfurt erstmals gezeigt werden, doch der Verband der Deutschen Automobilindustrie (VDA) sagte die Messe ab. Der Verband begründete die Absage mit wirtschaftlichen Gründen, weil die Ausstellung Kosten von 50 bis 110 Millionen Mark verursachte.
Die Öffentlichkeit war schockiert. Damals war das Automobil noch unumstritten. Die anderen Veranstaltungen von Brüssel über Genf bis Paris und Turin fanden ohne Probleme statt und hatten ihr Publikum. Offensichtlich hatten die Veranstalter größere finanzielle Ressourcen. Daher dauerte es noch ein Jahr bis die neue S-Klasse auf den Markt gerollt wurde. Mit der Entwicklung der Baureihe, intern als W116 geführt, war bereits unter der Leitung von Entwicklungsvorstand Hans Scherenberg begonnen worden. Beim Design orientierte sich die Kreativabteilung in Stuttgart an den neuen SL-Modellen, sodass die neuen Modelle im Vergleich zum Vorgänger deutlich wuchtiger zu den Kunden kamen als der Vorgänger. Bei der Feinarbeit spielte der Windkanal eine wichtige Rolle, und das Ergebnis konnte sich sehen lassen. Am Ende stand ein Cw-Wert von 0,41 – damals ein sehr guter Wert, obwohl der W116 seinen Vorgänger in allen Bereichen übertraf und in der Länge und Breite kräftig zulegte. Gleichzeitig war er niedriger ausgefallen.
Damals gab es zwar noch nicht den Werbespruch »das Beste oder nichts«, doch auch ohne diesen Anspruch arbeiteten die Entwickler in Stuttgart mit dem Ziel, das beste Auto der Welt auf die Räder zu stellen. Und das ist ihnen im Rückspiegel betrachtet auch gelungen. Kein anderes Automobil vereinte damals so viele Sicherheitselemente in einem Modell wie die Baureihe W116. Dabei half den Ingenieuren die damals noch in den Kinderschuhen laufende Elektronik, die ein, so Mercedes-Benz, »rechnerunterstütztes Konstruieren« ermöglichte. Der Kühlergrill, bisher vertikal die Frontpartie dominierend, war nun flach angelegt und einem horizontalen Grill gewichen. Auch die Scheinwerfer waren horizontal angeordnet, sodass eine harmonische Frontansicht entstand. Am Heck fanden sich Stilelemente des 350 SL wieder. An der Seite befanden sich in den Chromleisten Gummifüllung, die das »heilige Blechle« vor Parkremplern schützen sollten. Mit dem Design verabschiedete sich der langjährige Chefdesigner Friedrich Geiger, der zahlreiche Mercedes-Modelle entworfen hatte. Mit der Frontpartie des W116 hat er sich ein Denkmal gesetzt, denn die horizontale Auslegung, die der Front einiges an Wucht nimmt, wird bis heute von seinen Nachfolgern weiter übernommen.
Im Innenraum übernahmen die Entwickler Elemente aus den Experimentier-Sicherheitsfahrzeugen (ESF), die von Mercedes entwickelt worden waren, um die

Die Baureihe W116 oder die neue S-Klasse wurde mit einjähriger Verspätung an der Costa Brava vorgestellt.

passive Sicherheit weiter zu verbessern. So waren alle Oberflächen aufwendig gepolstert und, um bei Unfällen mögliche Verletzungen zu vermeiden, waren die Bedienelemente versenkt angeordnet worden. Außerdem wurde der 96 Liter fassende Tank über der Hinterachse montiert und war so weitgehend bei Auffahrunfällen geschützt. Und außerdem wurde bei der Baureihe erstmals das gemeinsam von Mercedes-Benz und Bosch entwickelte neue Antiblockiersystem (ABS) eingesetzt, das von einigen Fachjournalisten sofort als »Wunderbremse« gepriesen wurde. Teile des Fahrwerks wurden aus dem Rekordfahrzeug C111 übernommen.

Die S-Klasse, seit Jahrzehnten Inbegriff des automobilen Luxus, und, auch das ist bis heute unverändert geblieben, übernimmt dabei immer wieder eine Pionierrolle, wenn es um technische Neuerungen geht. Dazu gehört auch die 1978 vorgestellte Variante mit einem Dieselantrieb. Diesel in einer Luxuslimousine – diese Vorstellung war damals unerhöhrt. Der nagelnde Antrieb war allenfalls Taxis oder Treckern und Lastwagen vorbehalten. Dass dieser Motorentyp sich auch zivilisieren ließ, zeigte im Mai 1978 die die S-Klasse mit dem 300 SD. Der Dreiliter-Fünfzylinder hatte sich zuvor in den Modellen 240 D und 300 D bewährt. Für den Einsatz in der schweren Luxuslimousine spendierten die Stuttgarter Entwickler dem Antrieb einen Turbolader, sodass fortan 115 PS zur Verfügung standen. Das versprach nicht gerade dynamische Leistungswerte, doch diese Variante wurde ausschließlich in Nordamerika (Kanada und USA) angeboten und dort durfte man ohnehin nicht schneller als 80 km/h auf den Highways fahren. Die Diesel-Variante war eine Reaktion auf die von der Carter-Administration in den USA erfundenen Flottenverbrauchsregelung, mit der Washington Verbrauchsgrenzwerte für die Modellpaletten der Hersteller festlegte. Erst wesentlich später hatten auch europäische Kunden die Möglichkeit, die S-Klasse mit Dieselantrieb zu kaufen.

Das neue Mercedes-Topmodell wurde vor dem Serienstart natürlich auch ausführlich getestet.

Für den heutigen Geschmack etwas plüschig, doch in den Siebziger Jahren waren diese Sitze top.

Die neue S-Klasse war damals der Höhepunkt des Automobilbaus.

SEPTEMBER 1971

Mercedes stellt den W116 vor, und fortan ist der Begriff S-Klasse geboren. In Stuttgart sieht man allerdings die Dinge etwas anders und sieht im Vorgänger W108/W109 die erste »S-Klasse«.

Porsche 911 Carrera RS 2,7

Der Porsche 911 Carrera RS 2,7 war ursprünglich ein Homologationsmodell, mit dem Porsche in der Gruppe 4 im Motorsport antreten wollte. 500 Exemplare mussten dafür gebaut werden, um die Regeln der Internationalen Motorsportbehörde zu erfüllen. Eine Straßenversion war zunächst nicht geplant, wurde dann aber für Kunden nachgereicht, die als Privatiers an Rennen teilnehmen wollten. »Es war ein sehr leichter und schneller Sportwagen«, erinnerte sich später der damalige Testchef für Serienmodelle bei Porsche. 15 Ingenieure waren an der Entwicklung beteiligt, und im Oktober 1972 stand das fertige Modell auf dem Pariser Automobilsalon. Der Porsche 911 Carrera RS 2,7 war damals das schnellste deutsche Serienmodell. Die »zivilisierte Variante« wurde ein Jahr später mit einigen wenigen zusätzlichen Komfortelementen auf den Markt gerollt. Der gerade 960 Kilogramm wiegende 911 leistete 210 PS und beschleunigte aus dem Stand in 5,8 Sekunden auf Tempo 100 km/h. Bei 245 km/h war die Höchstgeschwindigkeit erreicht. Damals sehr beeindruckende Werte. Allerdings zeigte der Wagen bei hohen Geschwindigkeiten Stabilitätsprobleme, und deshalb forderte der damalige Entwicklungschef Helmut Bott seinen Ingenieur Herrmann Burst auf, sich der Sache anzunehmen.

Zusammen mit seinen Kollegen entwickelte Burst eine Lösung, die am 5. August 1972 mit dem Patent 2238704 dokumentiert wurde und die den neuen 911 Carrera unsterblich machte. Am Heck sorgte fortan ein neuer Heckspoiler für zusätzlichen Anpressdruck. Das aerodynamische Hilfsmittel bekam bald den etwas respektlosen Spitznamen »Entenpürzel«. »Damals habe ich gedacht, ich hätte lediglich eine Lösung für ein technisches Problem gefunden. Es hat lange gedauert, bis ich begriff, dass wir eine Ikone erschaffen hatten«, erinnerte sich Burst später an diesen Geniestreich. Nachdem sich Bott von der Wirkung des neuen Spoilers auf der Teststrecke in Weissach überzeugt hatte, gab er grünes Licht. Der 911 Carrera war tatsächlich auch bei höheren Geschwindigkeiten deutlich besser beherrschbar geworden. Auch das Serienmodell wur-

Zunächst für den Motorsport geplant, kam der 911 Carrera RS 2,7 später in einer »zivilen Variante« für Hobbysportler auf den Markt.

– der mit dem Pürzel

de mit Front- und Heckspoiler ausgerüstet und löste weltweit eine Begeisterung für diese Art der aerodynamischen Unterstützung aus.
Neben dem neuen Spoiler begann mit dem 911 Carrera RS 2,7 auch die Historie der Carrera-Modelle. Der Name zitiert das berühmt berüchtigte mexikanische Straßenrennen, das fünf Mal in den 1950er-Jahren veranstaltet wurde. 1953 hatte Porsche dort einen Klassensieg mit dem 550 Spyder und einen dritten Platz ein Jahr später erreicht. Die Suche nach einem Namen für das neue Modell war daher kein großes Problem. »Wir wollten für ein Serienmodell den berühmten Namen nutzen und dachten über das wie nach«, so der Designer Harm Lagaay, der zusammen mit seinem Team einen Platz fand, der unübersehbar war. Der schwungvolle Schriftzug Carrera wurde zwischen den beiden Radkästen platziert, und zusammen mit den knalligen Lackierungen Gelb, Rot und Orange wurde der damals stärkste 911 zu einer unübersehbaren automobilen Ikone. Wie alle anderen 911-Versionen war auch der 911 2,7 RS Carrera ein Fahrzeug, dass die sportlich orientierten Kunden ebenso auf der Rennstrecke wie im Alltag bewegen konnten.

Auf dem Golfplatz war der 911 Carrera irgendwie deplatziert. Für eine Golfausrüstung fehlte zudem der Platz.

Der charakteristische Pürzel wurde entwickelt, um die Fahrstabilität des 911 Carrera zu optimieren.

Typische Perspektive: Die meisten Zeitgenossen sahen vom Carrera nur das Heck.

Der markante Schriftzug »Carrera« war die Idee von Designer Harm Lagaay.

Maserati Merak

– der kleine Italiener

Mit dem Merak wollte Maserati einen neuen Kundenkreis erschließen und griff deshalb auf bereits entwickelte Komponenten zurück.

Maserati konzentrierte sich bis in die 1950er-Jahre ausschließlich auf die Entwicklung von Fahrzeugen für den Motorsport und startete erst 1957 in den Markt für sportliche Straßenmodelle, die in der automobilen Oberklasse angesiedelt waren und vor allem mit Ferrari um die gut situierte Kundschaft kämpften. Ende der 1960er-Jahre stellten die Verantwortlichen bei Maserati die Weichen neu und beschlossen, ein vergleichsweise preiswertes Fahrzeug zu entwickeln, um sich so eine breitere Kundenbasis zu verschaffen. Dabei folgt man auch dem Beispiel von Ferrari, wo 1969 der Dino 246 für diesen Kundenkreis auf den Markt gebracht worden war.

Um Kosten zu sparen, griffen die Maserati-Entwickler auf viele bereits eingesetzte Komponenten zurück und übernahmen viele Teile vom 1971 eingeführten Bora, sodass die italienische Presse den neuen Merak bei seiner Vorstellung 1972 als »La Borina« oder »kleiner Bora« tauften. Auch das Fahrwerk stammte vom Bora. Maserati gehörte damals zu Citroën, und deshalb bedienten sich die Italiener auch im französischen Teilelager. Dazu gehörte auch ein Sechszylindermotor, den Maserati für die Franzosen entwickelt hatten. Der Merak kam als zweisitziges Coupé mit Notsitzen im Fond auf den Markt. Das vor allem für den italienischen Markt vorgesehene Mittelmotor-Coupé wurde von einem Zweiliter-Motor angetrieben. Giulio Alfieri erhöhte den Hubraum 2965 ccm, was sich in eine Leistung von 190 PS übersetzte, und eine Höchstgeschwindigkeit von 235 km/h ermöglichte. Nachdem der Argentinier Alejandro de Tomaso Maserati übernommen hatte, rollte der Merak SS mit 220 PS auf den Markt.

Später wurde die Leistung auf 208 PS reduziert. Für das Design war der damals allgegenwärtige Giorgio Giugiaro verantwortlich, der bereits den Bora entworfen hatte und folgerichtig viele Designelemente von diesem Modell in den Merak transportierte. Nach dem Motto »never change a winning team« wurde die Frontpartie komplett vom größeren Bora übernommen und lediglich die Heckpartie neugestaltet. Auch die Rückansicht stammte komplett aus dem Bora-Baukasten. Die Rückleuchten waren wie beim Bora vom Alfa Romeo 1750 übernommen worden.
Viele der im »kleinen Maserati« eingesetzten Teile stammten aus dem Citroën SM, der gemeinsam mit den Italienern entwickelt worden war. Dazu gehörte das mit einer Hochdruckhydraulik arbeitende Bremssystem, das unverändert von dem französischen Coupé übernommen wurde. Die Hydraulik war auch für die Steuerung der Klappscheinwerfer verantwortlich. Auch die Informationszentrale wurde komplett aus dem SM transplantiert, und auch die Türgriffe und Rückspiegel wurden von Citroën übernommen.

Bei der Fachpresse konnte der Einstiegs-Maserati dann doch nicht überzeugen. Vor allem die Fahrleistungen enttäuschten die Tester. Der Merak war ihnen zu schwer und nicht leistungsstark genug. »Auto Motor und Sport« ermittelte in einem Test einen Beschleunigungswert von 9,3 Sekunden von Null auf 100 km/h, was die Autoren schlicht als »enttäuschend« einordneten.

Für das Design war der allgegenwärtige Giorgio Giugiaro verantwortlich, der viele Elemente vom Bora übernahm.

In der italienischen Presse lief der Merak als »Borina« durch die Testberichte, weil viele Teile vom größeren Bora übernommen worden waren.

Viele Teile des Merak stammten vom Citroën SM, um Kosten zu sparen.

DAF 66

– der heulende Holländer

Der DAF 66 sollte in der Werbung wenigstens eine junge Kundschaft ansprechen – doch die zog andere Fahrzeuge vor.

Der niederländische Nutzfahrzeughersteller Van Doorne's Automobielfabriek NV (DAF) brachte Anfang der 1960er Jahre seinen ersten Kleinwagen auf den Markt, der als Alleinstellungsmerkmal mit einer automatischen zweistufigen Fliehkraftkupplung und einer Variomatic genannten stufenlosen Kraftübertragung gekoppelt war. Bei diesem System gab es nur zwei Gänge – vorwärts und rückwärts, zeichnete sich aber dadurch aus, dass die Beschleunigung mit einem unangenehmen Heulton verbunden war, was nicht unbedingt mit dem Geschwindigkeitszuwachs einherging. Im September 1972 kam der DAF 66 als Nachfolgemodell des 55 auf den Markt. Die gefällige Karosserie war im Designbüro von Giovanni Michelotti entstanden, der neben der Limousine auch ein Coupé und einen Kombi entwarf. Unter der Haube hatten die niederländischen Entwickler einen Renault-Motor mit einem Hubraum von 1,1 Liter mit 47 PS platziert.

Auf der Frankfurter IAA 1973 ergänzte ein Modell mit 57 PS und zwei Zusatzscheinwerfern als 66 Super Sport Marathon 1300 das Modellangebot, das immerhin eine Spitzengeschwindigkeit von 145 km/h erreichte. Michelotti hatte dem DAF 66 eine – höflich ausgedrückt – gängige Frontpartie spendiert, die dem allgemeinen Automobilgeschmack entsprach. Man könnte auch sagen, dass die Front ziemlich langweilig gestaltet war. Das Fahrwerk war überarbeitet worden und hatte nun eine De-Dion-Achse hinten, die die bisher eingesetzt Pendelachse ablöste, und ein Differentialgetriebe. Der DAF 66 diente auch als Basis für ein Militärfahrzeug. Von dem Pickup DAF YA 66 wurden insgesamt rund 1200 Exemplare hergestellt. Dank der Variomatic lassen sich alle DAF-Modelle vorwärts und rückwärts gleich schnell bewegen, was in den Niederlanden bei exotisch anmutenden Autorennen genutzt wird. Dabei werden die Fahrzeuge im Rückwärtsgang über abgesperrte Strecken gejagt.
Mit dem DAF 66 endete die Laufbahn der Niederländer als Kleinwagen-Hersteller. DAF konzentrierte sich danach wieder auf sein Kerngeschäft Lastwagen und verkaufte die Pkw-Produktion an Volvo. Der letzte fertig entwickelte große DAF rollte dann als Volvo 343 von den niederländischen Bändern.

Beim Design verzichteten die niederländischen Kreativen auf eingeständige Lösungen.

Die Werber versuchten alles, um die Jugend hinter das Lenkrad des biederen DAF zu bekommen.

Der DAF 66 kam auch als kompakter Kombi auf den Markt.

Opel – auf Dieselrekordfahrt

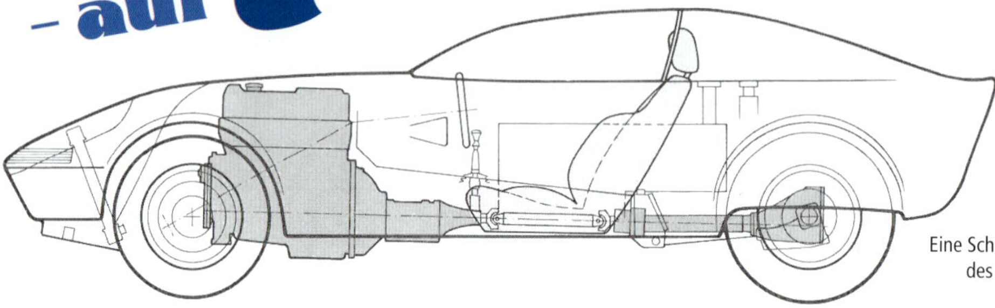

Eine Schnittzeichnung des Opel-Rekordwagens.

Um die Zuverlässigkeit des neuen Dieselantriebs im Rekord D – damals bei Opel das Argument in der Werbung – zu demonstrieren, entwickelten die Rüsselsheimer Ingenieure einen Rekordwagen, der von einem 2,1-Liter-Dieselmotor angetrieben wurde. Der Selbstzünder nutzte als Basis den 1,9 Liter CIH-Motor, der in der Serienversion als 2,1 Liter überschaubare 60 PS leistete. Das war damals ein Wert, den auch die Konkurrenten von Peugeot und Mercedes-Benz erreichten. Für die Rekordfahrten wurde der Antrieb überarbeitet, sodass dank eines Abgasturboladers von Eberspächer 95 PS bereitstanden. Dabei blieb die Nenndrehzahl (4400 Umdrehungen) unverändert. Der Lader erreichte bei Volllast 98.000 Umdrehungen, was sich in einen Überdruck von maximal einem Bar übersetzte.

Vor dem Start mussten allerdings einige Thermikprobleme des Motors behoben werden. Der oberste der drei Kolbenringe wurde eingespart, und die beiden verbliebenen Ringe erhielten eine Verstärkung aus Molybdän. Das Verdichtungsverhältnis wurde für den Laderbetrieb von 22 auf 17,5:1 verringert. Hinzu kamen noch ein neuer Stahlauspuffkrümmer, härtere Ventilsitze und Mahle-Kolben, um die Standfestigkeit des Motors zu verbessern. Der Auspuff endete seitlich in Höhe der ehemaligen Beifahrertür.

Als Basis für den Dieselrekordwagen wählten die Opel-Entwickler den GT, der eine gute Aerodynamik mitbrachte.

Die Technik des Diesel-Weltrekordlers wurde ständig überwacht. Am Ende erwies sich der Antrieb als standfest.

Auf der hauseigenen Teststrecke in Dudenhofen fuhren die Opel-Piloten dem Weltrekord entgegen.

Die Nenndrehzahl blieb gegenüber dem Serienmotor unverändert bei 4400 Umdrehungen.

Dank eines Abgasturboladers von Eberspächer leistete der Motor 95 PS.

Die Instrumentierung wurde beim Rekordwagen auf das wesentliche reduziert.

Sechs Fahrer teilten sich die Aufgabe, in Dudenhofen einen neuen Weltrekord einzufahren.

Die Werbung schlachtete den Weltrekord erwartungsgemäß in zahlreichen Anzeigen aus.

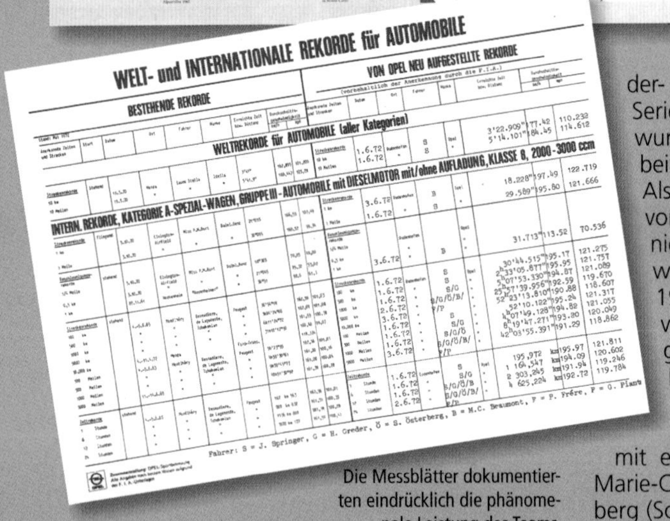

Die Messblätter dokumentierten eindrücklich die phänomenale Leistung des Teams.

Die Kraftübertragung übernahm das Commodore-Vierganggetriebe.

Als Basis für das Rekord-Fahrzeug wurde wegen seiner guten aerodynamischen Eigenschaften der Opel GT gewählt, der entsprechend überarbeitet wurde, um die geforderten Geschwindigkeiten zu erreichen. Die Achsübersetzung wurde auf 2,667:1 verändert, und außerdem stellten die Techniker das Fahrzeug auf 15-Zollräder.

Alle Blechteile, die irgendwie verzichtbar waren, wurden mit der Blechschere entfernt, und als Dach diente eine flache, aufklappbare Abdeckung mit einer Plexiglaskuppel über dem Fahrersitz. Um die Karosserie für die Belastungen fit zu machen, wurde ein Rohrrahmen mit Überrollbügel eingebaut, und die Türen wurden zugeschweißt. Neben dem Fahrer befand sich ein 85 Liter fassender Tank, der über eine Schnellbetankungsanlage verfügte. Vorder- und Hinterachse wurden unverändert vom Serien-GT übernommen. Auch die Bremsanlage wurde mit Ausnahme des Bremskraftverstärkers beibehalten.

Als Höchstgeschwindigkeit waren 200 km/h vorgesehen, die auch mit einem angenehm niedrigen Verbrauch von 13,5 Litern erreicht wurden. Die ersten Testfahrten fanden Ende 1970 statt, und nachdem diese erfolgreich verlaufen waren, gab es von den Technikern grünes Licht für die Rekordfahrten.

Nun wagten sich die Opel-Verantwortlichen an die Öffentlichkeit, und der schwedische Fahrermanager Eklund stellte sein Team mit erfahrenen Piloten aus fünf Nationen vor: Marie-Claude Beaumont (Frankreich), Sylvia Österberg (Schweden), Paul Frère (Belgien), Henri Greder (Frankreich), Joachim Springer (Deutschland) und Giorgio Pianta (Italien).

Im Juni 1972 begannen die Fahrten unter Aufsicht der internationalen Motorsportbehörde FIA auf dem 4,2 Kilometer langen Rundkurs des Opel-Testgeländes in Dudenhofen. Nach jeweils 500 Kilometern wurde getankt und der Fahrer gewechselt. Die Stopps durften nicht länger als eine halbe Minute dauern, weil die Uhren der FIA-Beobachter unbarmherzig weiterliefen. Unter Beobachtung der von Opel eingeladenen Journalisten erreichten die Fahrer eine Durchschnittsgeschwindigkeit von mehr als 190 km/h. Nach 52 Stunden war die Rekordfahrt beendet. Das Ergebnis konnte sich sehen lassen. Am Ende standen zwei Weltrekorde und 20 internationale Bestleistungen in den Protokollen der FIA-Offiziellen. Die Rekorde für Diesel-Fahrzeuge lagen bis zu 20 Prozent über den bisherigen Werten, und der Weltrekord über 10.000 Kilometer wurde sogar um mehr als 60 Prozent verbessert.

Hinter den Fahrern stand ein großes Team, um die Rekordfahrt möglich zu machen.

Fünf Männer und eine Frau teilten sich die Aufgabe.

Die Schwedin Sylvia Österberg war die einzige Frau in der Fahrermannschaft.

Volkswagen Experimental – alles für die Sicherheit

Schönheit stand nicht im Lastenheft. Beim Volkswagen Experimental ging es allein um die Sicherheit.

Der Anstoß für die Entwicklung des »Experimental Sicherheitsfahrzeug von Volkswagen« (ESVW I) kam aus den USA. Dort forderten Politiker und Ingenieure bessere Sicherheitsvorkehrungen in den Fahrzeugen. Einer der führenden Protagonisten war damals der amerikanische Verbraucheranwalt Ralph Nader, der der amerikanischen Automobilindustrie vorwarf, die Sicherheit ihrer Fahrzeuge zu vernachlässigen. 1965 mussten die USA 65.000 Verkehrstote beklagen, sodass die amerikanische Sicherheitsbehörde National Highway Traffic Safety Administration (NHTSA) die Industrie aufforderte, Fahrzeuge zu entwickeln, die ein Höchstmaß an Sicherheit bieten sollten. Diese Aufforderung nahm Volkswagen im Herbst 1970 an, und die Techniker begannen mit der Entwicklung des »Experimentier-Sicherheits-Fahrzeugs.

Viele der damals präsentierten »Experimental Safety Vehicles« waren damals tatsächlich nicht für den Einsatz im realen Verkehr geeignet, sondern vielmehr Technologieträger, die zeigten, wohin die Entwicklung gehen konnte. »Bei unserem ESVW I haben wir vom Start des Projektes weg auf eine ganzheitliche Lösung Wert gelegt«, erinnert sich Emil Pommer, einer der 80 Ingenieure, der damals unter der Leitung des Volkswagen-Forschungschef Professor Ernst Fiala das Fahrzeug auf die Räder stellte. »Unser Ziel war es die Kompetenz von Volks-

Einige Elemente aus dem Konzeptmodell wurden später in der Serie übernommen.

wagen auf dem Fahrzeugsicherheitssektor unter Beweis zu stellen – und das unter den extremsten Bedingungen, die man sich seinerzeit denken konnte, den amerikanischen Sicherheitsvorschriften.«

Im Jahr 1972 wurde der ESVW I auf der Internationalen Sicherheitskonferenz in Washington vorgestellt. Kernstück der Konstruktion der 4,73 Meter langen Stufenheck-Limousine war die massive Karosserie-Sicherheitsstruktur. Dazu gehörten hochfeste Stoßfänger vorne und hinten unsichtbar in den Türen integriert, die bei einem Unfall die Energie in eine nachgiebige und energieabsorbierende Zone weiterleitet. Eine weitere Zone bestand aus einem »Fachwerkrahmen« für die unverletzliche Fahrgastzelle. Es gab ergonomisch gestaltete Sitze (damals alles andere als selbstverständlich). Querträger zwischen B- und C-Säule waren Bestandteil des Rahmens und verbesserten die Steifigkeit bei einem Seitenaufprall. Vorne und hinten sorgten hydraulische Absorber für einen weiteren Schutz. Der ESVW I bestand alle Crashtests nach US-Norm.

Unter anderem übernahmen später der VW K70, der Audi 100 und der VW 411 Elemente aus dem Experimentier-Fahrzeug.

Mercedes ESF – Blick in die Zukunft

Am 31. Mai 1972 stellte Mercedes-Benz auf der Fachmesse Transpo 72 in Washington sein Experimental Sicherheits-Fahrzeug (ESF) 13 vor. Das Fahrzeug zeigt damals bereits technische Sicherheitslösungen, die erst wesentlich später in die Serienfertigung einfließen sollten. Dazu gehört das gemeinsam mit Bosch entwickelte Anti-Blockier-System (ABS), Airbags für alle Passagiere, Halogenscheinwerfer sowie Parallelwischern für die Heckscheibe.

In den 1970er Jahren widmete sich Mercedes-Benz intensiv der Verbesserung der Sicherheit. Damals erreichten die Opferzahlen im Straßenverkehr weltweit immer höhere Zahlen, sodass die Bestrebungen nach verbesserter Sicherheit vorangetrieben wurden.

Auf der Transpo zeigten Hersteller aus Europa, Japan und den USA ihre Entwicklungen, und im Konferenzbericht wird der ESF als »Quantensprung statt der üblichen Jahr-für-Jahr und Schritt-für-Schritt-Evolution der Automobilindustrie« hervorgehoben. Das ESF 13 ist eine Weiterentwicklung des ESF 05, den Mercedes-Benz bereits 1971 gezeigt hatte. Wie beim ESF 05 dient auch beim ESF 13 ein Mercedes 250 »Strich Acht« als Basis, wobei die Ingenieure beim »13« auch Teile des 350 SL verwendet haben. Neben den optischen Unterschieden sind die techni-

Blick auf das Messegelände der Transpo 72 in Washington. Hier stellte Mercedes-Benz sein Versuchsfahrzeug ESF vor.

Die wuchtigen Stoßfänger des Vorgänger-Fahrzeugs ESF-05 vorne und hinten waren nicht gerade attraktiv, schützen aber vor Unfallfolgen.

Der Airbag war ein Ausblick auf die Zukunft und kam erst später in die Mercedes-Fahrzeuge.

schen Neuerungen bemerkenswert. Bei der passiven Sicherheit für Fahrzeuginsassen und auch Fußgänger – damals noch ein weitgehend vernachlässigtes Thema – wurde einzelne Bauteile mit geschäumten Komponenten verkleidet. Die Vordersitze sind mit Dreipunktsicherheitsgurten mit Gurtkraftverstärker ausgerüstet, die sich beim Einsteigen automatisch um Fahrer und Beifahrer legen. Neben dem Sicherheitslenkrad mit Pralltopf ist das Fahrzeug mit Airbags vorne und für die Passagiere im Fond ausgerüstet. Fahrer- Beifahrersitz sind mit Kopfstützen ausgestattet, und im Fond übernimmt ein neuartiges Auffangnetz eine Schutzfunktion. Die Passagiere hinten wurden zudem mit Dreipunktsicherheitsgurten mit Gurtkraftbegrenzer und Aufrollautomatik geschützt. Bis Technologien wie ABS und Airbags in die Serie gefertigt wurden, dauerte es noch einige Jahre: Das Anti-Blockier-System ABS wurde erst 1978 in der S-Klasse (W116) angeboten, und die Airbag-Technik mit Gurtstraffer für den Beifahrer folgte 1981 in der S-Klasse (W126)

Unter der Haube des ESF-13 arbeitete ein V6-Versuchsmotor, um Verformungsraum vorn zu gewinnen

Der Audi 80 brachte den Frontantrieb in den Volkswagen-Konzern.

Verführerisch sachlich – der Audi 80.

Ohne junge Frauen keine Werbung in den siebziger Jahren.

Später bekam der Audi 80 rechteckige Scheinwerfer.

Der Audi 80 diente auch als Basis für den VW Passat.

Audi 80

Mit dem Audi 80 begann nicht nur in Ingolstadt eine neue Zeitrechnung. Seit dem Jahr 1966 gehörte Audi vollständig zu Volkswagen, wo die Verantwortlichen mit dem Erbe der Käfer-Epoche zu kämpfen hatten. Die Wolfsburger Modelle mit luftgekühlten Boxer-Motoren im Heck waren nicht mehr zeitgemäß und die Zeichen standen auf Krise. Da kam der Audi 80 mit seinem neu entwickelten Motor und Frontantriebstechnik gerade recht. Der im Sommer 1972 als Nachfolger des F103 auf den Markt gerollte Audi 80 diente so als Basis für den VW Passat, der mit seiner Schrägheck-Karosserie den späteren Golf vorwegnahm. Aus Kostengründen übernahm Volkswagen große Teile des Designs – und der italienische Designer Giugiaro blieb auf seinem fertigen Entwurf für die neue VW-Limousine sitzen. Als Ausgleich durfte er wenig später den Golf entwerfen und wurde so unsterblich. Als Antrieb dienten beim Audi 80 Vierzylindermotoren mit 1,3 bis 1,6 Liter, die für eine Höchstgeschwindigkeit von 147 bis 170 km/h gut waren. Als »Fox« wurde der Audi 80 auch in den USA ein Erfolg, wo man mit den aus amerikanischer Sicht kryptischen Zahlenkombination wenig anfangen konnte. Das Leichtgewicht, die 100 PS-Variante brachte nicht einmal 900 Kilogramm auf die Waage, gehörte zu den sparsamen Vertretern seiner Gattung und war deshalb in der Ölpreiskrise der frühen 1970er Jahre ein großer Erfolg bei den Kunden. Im von »Auto Motor und Sport« herausgegebenen Katalog 1972/73 wurde der Audi 80 geradezu hymnisch begrüßt: »Dem Audi 80 kommt die größere Wichtigkeit zu, weil die billigeren Preisklassen von der deutschen Automobilindustrie anderwärts in geradezu sträflicher Weise vernachlässigt werden.«

Honda Civic
– Fortschritt à la Japan

Mit dem Honda Civic zeigte der japanische Motorrad-Spezialist, dass man auch Autos bauen konnte.

Der Civic war ein vielfach ausgezeichnetes Modell, was die Honda-Verantwortlichen entsprechend vermarkteten.

Irgendwann gegen Ende der 1950er-Jahre beschloss Honda neben seinen Motorrädern auch Automobile zu produzieren. Die ersten Fahrzeuge waren wenig aufregend und vor allem in einem international wenig erfolgversprechenden Segment unterwegs. Kein Wunder, denn die automobilen Miniaturen waren in erster Linie für den japanischen Markt gedacht und wirkten neben den europäischen Modellen wie Karussellautos. Mit dem Civic, 1973 vorgestellt, sollte sich das schlagartig ändern. Damals ging der Absatz der Miniautos in Japan zurück, sodass sich Honda entschloss, ein »richtiges Auto« auf den Markt zu rollen, das auch auf den Exportmärkten angeboten wurde. Der kompakte Honda war der erste internationale Erfolg und behauptete sich gegen die etablierte europäische Konkurrenz. Ein Grund war der neue quer montierte Vierzylinder (1,2 Liter) mit Leichtmetall-Zylinderkopf, elektrischer Benzinpumpe und Trockensumpfschmierung sowie Doppelvergaser. Im Gegensatz zu einigen Wettbewerbern aus Japan konnte beim Civic auch das Fahrwerk überzeugen, und beim Preis lag der vollständig ausgerüstete Civic unter der 10.000-Mark-Grenze und bot sogar – was für ein Luxus – serienmäßig ein Radio. Später kam mit dem CVCC-Motor ein Antrieb (1,5 Liter, 70 PS) ins Programm, der dank seiner speziellen Verbrennungstechnik auf einen Katalysator verzichten konnte, was die Werbeabteilung des Konzerns in den Vordergrund stellte. Neben dem feinen Antrieb zeigte der Civic auch als einer der ersten »Japaner«, dass sich die Ingenieure darauf verstanden,

Mit dem Civic brachte Honda sein erstes international erfolgreiches Modell auf den Markt.

Das Fahrwerk des Civic erreichte als eine der ersten japanischen Entwicklungen europäisches Niveau.

Fahrwerke zu entwickeln, die europäisches Niveau erreichten. Die erste Generation war der Auftakt zu einer Erfolgsgeschichte und bis heute ist der Civic Mitglied der Honda-Palette.

Mit Sir Jackie Stewart verabschiedet sich eine der prägenden Persönlichkeiten aus der Formel 1. Der Schotte wurde dreimal Weltmeister und war vor seiner Rennsportkarriere ein hervorragender Skeet-Schütze, der 1960 nur knapp die Qualifikation für die Olympischen Sommerspiele in Rom verpasste. Seit einem schweren Unfall in Spa Francorchamps gehörte Stewart zu den Sicherheitspionieren in der Formel 1 und ließ sich bei den Rennen von einem Arzt begleiten. Außerdem stellte sein B.R.M.-Team einen Krankenwagen ins Fahrerlager, der auch anderen Piloten zur Verfügung stand. Stewart beendete seine Karriere nach 99 Grand Prix und 27 Siegen als Weltmeister und wurde von der BBC zur BBC Sports Personality gewählt

OKTOBER 1973

Volkswagen Passat – der Pionier

Um den Passat schnell auf den Markt zu bringen, spendierten die Entwickler in Wolfsburg dem Audi 80 eine neue Verpackung.

Der erste Volkswagen mit Frontantrieb war nicht der Golf, sondern der Passat, der im Frühjahr 1973 in Zürich erstmals der Öffentlichkeit gezeigt wurde. Dabei war der Passat, der als Zwei- und Viertürer sowie als Kombi (Variant) zu den Kunden rollte, streng genommen kein Volkswagen, sondern ein Audi 80, dem die Wolfsburger Kreativen ein Fließheck angepasst hatten wobei sie auch die in Ingolstadt entwickelten Motoren übernahmen. Für das Technik-Magazin »Hobby« war die Adoption der Audi-80-Basis damals eine »konzeptionelle Bankrotterklärung der niedersächsischen Automobilphilosophen«. Was die Hobby-Spezialisten offensichtlich übersehen hatten, waren die schlechten wirtschaftlichen Aussichten, die sich für Volkswagen am Horizont abzeichneten. Für aufwendige und zeitraubende Eigenentwicklungen war schlicht keine Zeit.

Die Zeit der Modelle mit luftgekühltem Heckmotor wie der 411 neigten sich dem Ende entgegen, was sich in deutlich rückläufigen Zulassungszahlen niederschlug. Die Konkurrenz in Köln und Rüsselsheim hatten deutlich modernere Angebote, die von den Kunden nur allzu gerne gewählt wurden. In Wolfsburg suchte man nach einem Neuanfang. Da kam die Entwicklungshilfe aus Ingolstadt in Form des erfolgreichen 80 gerade recht. Auch die Form, an dem der neue italienische Stardesigner Giorgetto Giugiaro mitgewirkt hatte, kritisierte »Hobby« und warf den Wolfsburger Verantwortlichen vor, das Design des Renault 15 übernommen zu haben und »eine außerordentliche Liebe zu Renault entwickelt zu haben, denn auch die Heckpartie entspricht ziemlich genau der des Franzosen.« Die »Experten« lagen im Rückblick ziemlich daneben, denn die Passat-Baureihe entwickelte sich im Laufe der folgenden Jahrzehnten zu den Stützen der Volkswagen-Modellpalette.

Der Passat ersetzte den K70, dessen Produktion wegen fehlender Gleichteile zu teuer geworden war. Mit dem Modellnamen endete auch die Wolfsburger Tradition, für seine Fahrzeuge etwas kryptische Zahlenkombinationen zu wählen. Ursprünglich war daher für den Passat die Bezeichnung 511 vorgesehen, weil er den 411 ablösen sollte. Schließlich kam das Modell als Passat auf den Markt und begründete die neue Namensfindung.

Der Passat begründete als Variant die jahrzehntelange Kombi-Tradition der Wolfsburger.

Am Design des Passat hatte der beim Audi 80 noch ausgebootete Giorgetto Giugiaro einen wichtigen Anteil.

Hinter der großen Heckklappe verschwand das Familiengepäck.

Am 22. November begann für die deutschen Autofahrer eine harte Zeit. Wegen der von den ölproduzierenden Ländern beschlossenen drastischen Preiserhöhungen – am 17. Oktober stieg der Preis pro Barrel auf mehr als fünf Dollar – verhängte die Bundesregierung ein Sonntagsfahrverbot, das erst am 16. Dezember endete. Gleichzeitig wurde ein Tempolimit von 100 km/h auf den Autobahnen verhängt. Der Versuch, das Tempolimit auf Dauer einzuführen scheiterte unter anderem an der Kampagne des ADAC, der »freie Fahrt für freie Bürger« forderte. Im Verlauf des nächsten Jahres stieg der Ölpreis weiter auf zwölf Dollar, ohne dass einschneidende Maßnahmen folgten.

NOVEMBER 1973

1974 Merced

Auto des JAHRES 1974

Mit dem 450 SE begann bei Mercedes eine neue Designsprache.

Auch als Hochzeitsfahrzeug bestens geeignet.

Der 450SE brach mit der Formensprache seiner Vorgänger.

Der Kühlergrill beim 450 SE fiel deutlich flacher aus als beim Vorgängermodell.

es 450 SE

Nach klassischen »Brot und Butter Autos« wagten sich die Juroren im Jahr 1974 in die Luxusklasse und kürten den Mercedes 450 SE zu Europas Auto des Jahres. Mit dem Mercedes 450 SE, in der nüchternen Hierarchie der Stuttgarter als W116 eingeordnet, begann offiziell die Geschichte der S-Klasse. Das sehen die Stuttgarter allerdings anders. Für sie beginnt die S-Klasse bereits früher mit dem Vorgängermodell W108/109. Die Entwicklung des Fahrzeugs hatte bereits 1966 begonnen, und die Vorstellung war auf der IAA im Jahr 1971 geplant, die allerdings abgesagt wurde, sodass die Baureihe erst ein Jahr später auf der in Südspanien vorgestellt wurde. Bei der Entwicklung der neuen S-Klasse wurden zahlreiche Elemente aus dem »Experimentier-Sicherheitsfahrzeugen« (ESF) übernommen. Wichtigstes Sicherheitselement war neben den Automatikgurten vorne und den verstellbaren Kopfstützen erstmals in einem Serienfahrzeug das zusammen mit Bosch entwickelte ABS-Bremssystem. Optisch überraschte die S-Klasse mit einem neuen Farbspektrum, das bis dahin eher von gedeckten Tönen geprägt war. Knallige Gelb- und Orangetöne waren nun auch für die S-Klasse erhältlich. Für den Automobilhistoriker Werner Oswald war die Baureihe W116 »ein Meilenstein in der Geschichte von Mercedes-Benz«. Und »Auto Motor und Sport« beförderte das 1975 vorgestellte Topmodell 450 SEL 6,9 zum »besten Auto der Welt«. Der legendäre 6,9-Liter V8 leistete 286 PS. Mit dem 300 SD kam zum ersten Mal der Dieselantrieb in die Angebotspalette. Der 450 SE wurde wie der 450 SEL (mit längerem Radstand) von einem 4,5-Liter-Achtzylinder angetrieben, der 225 PS leistete und die Limousine auf maximal 210 km/h beschleunigte. An der Leistungsspitze stand der legendäre 6,9-Liter V8, der 286 PS leistete. Der 450 SE und seine hubraumschwächeren Varianten waren in den 1970er-Jahren der Inbegriff automobilen Luxus.

Das Auto des Jahrzehnts

der golf

Mit dem Golf gelang Giorgetto Giugiaro ein Entwurf für die Ewigkeit, der im Laufe der Jahre immer weiter aktualisiert wurde.

Anfang der 1970er-Jahre stand Volkswagen vor einer Zeitenwende. Der Käfer hatte die Bundesbürger zwar mobil gemacht, doch inzwischen waren neue Mitbewerber auf dem Markt, die deutlich mehr Komfort erreichten und dem bis dahin unumstrittenen Klassiker die Marktanteile nahmen. Das Konstruktionsprinzip mit einem luftgekühlten Heckmotor hatten die Verantwortlichen ausgereizt, und die Modelle wie VW 411 oder VW 1600 waren den Konkurrenten aus Italien und Frankreich inzwischen deutlich unterlegen. Der Wettbewerb hatte sich längst auf ein anderes Konzept geeinigt. Und da trieb der Frontmotor die Vorderräder an.

In dieser Situation erwies sich die Übernahme der Auto Union Mitte der 1960er-Jahre als Glücksgriff für Volkswagen. In Ingolstadt war die Marke Audi wiederbelebt worden, und die Ingenieure hatten, nachdem sich die Marke vom überholten Zweitaktmotor verabschiedet hatten, eine vollkommen neue Antriebsgeneration entwickelt. Der sogenannte Mitteldruck-Motor war noch zu Zeiten entwickelt worden, als Auto Union Teil des Mercedes-Konzerns war. Der erste Volkswagen mit Frontmotor und -antrieb war dann aber kein Audi, sondern eine von NSU entwickelte Mittelklasse-Limousine. Dank der Verschmelzung von Audi mit NSU kamen die Wolfsburger zu einem neuen Modell, ohne viel für dessen Entwicklung auszugeben. Der K70 kam 1970 auf den Markt, und damit begann eine neue Zeitrechnung bei Volkswagen.

Dem K70, dem nur eine kurze Bauzeit im eigens dafür ausgerüsteten Werk in Salzgitter beschieden war, folgte bald der Passat, ein Audi 80 mit Fließheck, ebenfalls eine preiswerte Lösung für den Konzern mit Sparzwang. Der Passat löste den von der Kundschaft ungeliebten 1600 ab, und die Elemente Frontantrieb, große Heckklappe und vier Türen wurde vom automobilen Publikum gut angenommen. Als zweites Modell rollte der pfiffige Audi 50 als Polo in die Modellpalette. Das war alles schön und gut, doch die Öffentlichkeit wartete auf einen Nachfolger für den Käfer, denn schließlich wies das »Volk« in Volkswagen den Hersteller als Lieferant preiswerter Mobilität für ein Massenpublikum aus.

Doch erst einmal wurde in Wolfsburg gefeiert. Am 17. Februar übertraf der Käfer den Produktionsrekord von Fords Model T mit 15.007.034 gebauten Exemplaren. Doch nach der Feier blickten die Ver-

Schlicht und zeitlos modern: Die Seitenansicht verzichtete auf Chromschmuck.

Praktisch und ohne Allüren. Das Golf-Design begründete ein neues Fahrzeug-Segment – die Golfklasse.

Das Design war von Sachlichkeit geprägt.

Die Heckklappe war ein in diesem Segment neues Element.

antwortlichen in den Himmel und sahen unübersehbare schwarze Wolken auf sich zukommen. Dass der Käfer nicht ewig von den Bändern laufen würde, hatte man bereits erkannt, doch welche Entwicklung am Ende den Weltrekordler beerben sollte, darüber herrschte in Wolfsburg eine allgemeine Verunsicherung. Wie schon beim Original sollte Porsche bei der Entwicklung des Käfer-Nachfolgers eine tragende Rolle spielen.

Das Ergebnis war der »EA 266«, der den Heckantrieb beibehielt und bei dem der wassergekühlte Motor unter der Rückbank platziert sein sollte. Für diese Entwicklung war unter anderem Ferdinand Piëch verantwortlich, und die Serienproduktion wurde bereits vorbereitet, als der neue Vorstandsvorsitzende Rudolf Leiding den Rotstift zückte und die abenteuerliche Konstruktion beendete. Die Produktionskosten waren schlicht zu hoch, und die Lage des Motors unter der Rücksitzbank war wenig wartungsfreundlich, was wiederum höhere Kosten für die Besitzer bedeutet hätte. Das ausgerechnet Ferdinand Piëch am 30. Mai 1994 den 15-millionsten Golf aus der Werkshalle fuhr, ist dann doch irgendwie eine Ironie der Geschichte.

Neben dem Projekt »EA 266« gab es zum Glück noch den parallel begonnen Entwicklungsauftrag »EA 337« mit konventioneller Verteilung der entscheidenden Teile – also Motor und Antrieb vorne und Heckklappe. Diese Lösung war nicht neu, sondern begeisterte bereits als Simca 1100 die Kundschaft. Das Design übernahm Italdesign des italienischen Designers Giorgio Giugaro, der damit eine Silhouette für die Ewigkeit schuf, die bis heute in Variationen weitergeführt wird, und auch die Wettbewerber beeinflusste. Über Namensfindung gibt es einige Legenden – wahrscheinlich orientierten sich die Marketingexperten am Golfsport und spendierten dem neuen Modell folgerichtig einen an einen Golfball erinnernden Schalthebelknauf. Konzernintern wurde der Golf als »Mehrzwecklimousine« definiert, und diesem Anspruch wurde er von Beginn an gerecht.

Am 29. März 1974 lief der Hoffnungsträger des Konzerns schließlich erstmals vom Band und stand wenig später für 7995 Mark im Handel. Die schweren Zeiten in Wolfsburg hatten ein Ende, und von Beginn an führte der Golf die Zulassungsstatistiken in Deutschland an. Gleichzeitig entwickelte sich das kompakte, 3,77 Meter lange Modell zum Namensgeber einer eigenen Klasse. Die Golfklasse war fort-

Vor dem Fahrer befanden sich zwei Rundinstrumente und das optionale Radio.

Aus dem eher fragwürdigen Entwurf EA 276 wurde am Ende der Bestseller Golf.

an Synonym für Kompaktmodelle mit Heckklappe und Frontantrieb.
Als Antrieb kamen von Audi entwickelte Vierzylinder mit 1,1 Liter (50 PS) und 1,5 Liter (70 PS) zum Einsatz. Dass der Golf sich so schnell zu einem Erfolgsmodell entwickeln würde, verdanken die Wolfsburger auch dem schnellen Ausbau der Modellpalette. Mit dem GTI kam sportliche Dynamik in die Klasse, und mit dem ersten Dieselmotor in diesem Segment ein Antrieb in diese Klasse, der bis dahin ausschließlich größeren Modellen vorbehalten war. Der 1,5-Liter-Wirbelkammer-Diesel erreichte 50 PS und wurde in den Testberichten für seinen ruhigen Lauf gelobt. Für Volkswagen war der Diesel »die am schnellsten realisierbare Teillösung«, um einen niedrigen Verbrauch und geringeren Abgasausstoß zu erreichen. Der GTI war von den zurückhaltenden Verantwortlichen zunächst als Sonderserie geplant worden, doch dann wurden sie von der Nachfrage eines Besseren belehrt. Der 1975 auf der Frankfurter IAA vorgestellte »Gran Turismo Injection« hatte einen 110 PS starken 1,5-Liter-Vierzylinder und beschleunigte in neun Sekunden auf Tempo 100 km/h. Wieder war Volkswagen dem Wettbewerb einen Schritt voraus, die sich beeilte ähnliche Modelle auf den Markt zu bringen. Genauso schnell wie der GTI beschleunigte, fand er auch bei Autodieben seine Liebhaber. Vor allem in Südfrankreich mussten die GTI-Besitzer besondere Maßnahmen treffen, wollten sie ihren Wagen behalten.
Schnell wurde der kleine Sportler zu einem Kultmodell. Am Wörthersee trafen sich die Fans des Modells. Was zunächst als eher überschaubares Treffen begann, weitete sich im Laufe der Jahre zu einer Veranstaltung aus, die kaum noch zu beherrschen war. Am Ende zog Volkswagen die Reißleine, und das Treffen in Österreich wurde beendet.
Das Golf-Cabrio, bei Karmann gebaut, gehörte anfangs zu den umstritteneren Varianten. Das in Saint Tropez im nassen Frühjahr 1979 vorgestellte Modell brachte die Freunde des Käfer-Cabrios auf die Barrikaden. Sie gründeten sogar Initiativen, um

Der Golf entwickelte sich schnell zu einem klassenlosen Fahrzeug.

Die Deutsche Post würdigte die erste Golf-Generation 2017 mit einer Briefmarke.

Der Golf überzeugte von Beginn an mit seinem sicheren Fahrverhalten.

Volkswagen von dem vermeintlichen Irrweg abzubringen, denn im Gegensatz zur Käfer-Limousine, die weiter anageboten wurde, beendete das Golf-Cabrio die offene Käfer-Version. Allerdings konnten sich die Käfer-Freunde am Ende damit trösten, dass »ihr Liebling« bald hohe Preise auf dem Gebrauchtwagenmarkt erzielte.
Der Golf war von Beginn an ein klassenloses Auto und erfüllte auf gut vier Metern alle Mobilitätsbedürfnisse, und die bald folgenden Variationen des Golfthemas sprachen alle Schichten an und feuerten einige Zeitgenossen zu besonders abenteuerlichen Konstruktionen an. Ein Golf mit einem Achtzylinder aus dem Porsche 928 war dabei der Höhepunkt. Der Autohaus-Besitzer Günter Artz entdeckte 1979 einen bei einem Unfall stark beschädigten Porsche 928, zerlegte ihn bis auf die Boden- und Antriebsgruppe und baute ihn mit Karosserieteilen des Golf 1 neu auf. Damit alles passte, wurde die Blechhaut um 21 Zentimeter verbreitert und 30 Zentimeter verlängert. Der Porsche-Golf war auf Anhieb der Held auf vielen Titelseiten der Motorpresse und sollte eigentlich ein Einzelstück bleiben, doch 1980 entstand ein zweites Exemplar, das sein Freund Louis Krages übernahm. Unter dem Pseudonym John Winter war der Mann ein erfolgreicher Rennfahrer, der 1985 zusammen mit Klaus Ludwig und Paolo Barilla das 24-Stundenrennen von Le Mans als Sieger beendete.
Volkswagen betonte damals fast schon gebetsmühlenhaft, dass der Golf keineswegs den Käfer ablösen sollte, sondern vielmehr eine Ergänzung im Modellprogramm darstellte, und in der Tat gab es noch immer eine eingeschworene Kundschaft, die dem »Modell 1« die Treue hielt.
Gegen den erbitterten Widerstand der Gewerkschaften sowie der Regierung wagte Volkswagen mit dem Golf auch die Einrichtung einer Produktion in den USA. An den Querelen um die Auslagerung der Fabrikation war der Vorstandsvorsitzende Leiding gescheitert, der sein Amt entnervt an Toni Schmücker abgab. Schließlich kam die Fabrik in Westmoreland doch, und der Golf mutierte in den USA zum Rabbit, weil er praktischerweise im chinesischen Jahr des Hasen auf den Markt kam. Der Hase steht für Erfolg und Wohlstand. In diesem konkreten Fall hatte sich das Horoskop allerdings geirrt, denn die amerikanischen Kunden hatten ihre Probleme mit dem »amerikanisierten« Golf. Sie hatten die deutsche Fahrwerksabstimmung und Verarbeitungsqualität schätzen gelernt und verschmähten die amerikanische Version. Das 1978 eröffnete Werk wurde nach 1,15 Millionen gebauten Fahrzeugen 1987 geschlossen.

An den Käfer erinnerte das Wolfsburger Wappen auf dem Lenkrad.

Das von Giugiaro entworfene Markengesicht prägte den Golf bis in die 1990er-Jahre hinein. Auch die von 1983 bis 1992 gebaute zweite Generation zitierte den Ursprungs-Entwurf.

Der Golf kam zunächst als Zweitürer auf den Markt.

Gegen Aufpreis konnten die Kunden den neuen Volkswagen auch als Viertürer bestellen.

Mit seinem schnörkellosen Design sprach der Golf einen großen Kundenkreis an.

Nicht nur in Europa, auch in Asien war der Golf erfolgreich unterwegs.

Alfa Romeo Alfetta GT

– das waren noch Zeiten

Die Alfetta zeigte die besten Seiten der italienischen Designkunst und stellte die biedere Limousine in den Schatten.

Beim Blick auf die Modellpalette von Alfa Romeo in den Siebziger Jahren kommt beim Betrachter leicht etwas Wehmut auf, denn die italienische Marke besaß damals eine vollständige Modellpalette, die vom kleinen Alfasud über die Sportlimousine Alfetta bis zum begeisternden Montreal reichte und außerdem schnittige Coupés und elegante Cabrios umfasste. Der Alfasud brachte damals Fahrspaß in ein von Sachlichkeit geprägtes Segment, erwies sich aber bald als Spaßbremse, weil der Viertürer über einen unheilbaren Rostfraß stolperte, der die gesamte Marke beschädigte.

Die Alfetta kam 1974 auf den Markt und zeigte die besten Seiten der italienischen Designkunst. Das Coupé war in Blech geformte Italianita und stammte ausnahmsweise nicht vom Hausdesigner Bertone, sondern war von den Kreativen des Hauses in Eigenregie entworfen worden. Allerdings sicherten sie sich damals die Unterstützung eines gewissen Giorgetto Giugiaro, der in den Siebziger Jahren zum Star-Designer aufstieg. Die Zusammenarbeit mit den aufstrebenden Kreativ-Genie verlief dabei nicht reibungslos, weil seine Ideen damals nicht immer in die banale Realität der Produktionsanlagen passten. Neben dem Coupé sah die Limousine schon fast altbacken aus, hatte aber ebenfalls die Alfa-DNA unter der Haube. Die Vierzylinder leisteten zwischen 108 und 130 PS, und ein freilich nur in geringer Stückzahl gebaute Variante kam dank Turbo-Unterstützung auf 150 PS. Die Alfetta war wie übrigens auch der Alfasud zunächst sehr erfolgreich, und gewann bei »Auto Motor und Sport« 1972 sogar einen Vergleichstest gegen den BMW 520. Doch trotz bester DNA litt die Alfetta unter Zuverlässigkeitsproblemen und hatte zu geringe Abwehrkräfte gegenüber den gefräßigen Rostpartikeln, was den Ruf der Marke auf Jahre nachhaltig beschädigte.

Das schnittige Design konnte begeistern, doch die Zuverlässigkeit war nicht überzeugend.

Autos am Strand waren damals ein beliebtes Motiv für die Werbefotografen.

Die Heckklappe erleichterte das Beladen des Coupés.

JANUAR 1974

Angesichts der hohen Opferzahlen im Straßenverkehr wird der Dreipunktgurt Pflicht. Im Jahr 1973 waren mehr als 18.000 Menschen bei Unfällen ums Leben gekommen. Drei Jahre zuvor waren es sogar mehr als 20.000. Allerdings wird noch auf eine Gurtpflicht verzichtet, die Australien als erster Staat der Welt bereits im Dezember 1971 eingeführt hat.

Audi 50

– Kurze Karriere

Audi 50 mit Bikinischönheit – mehr Siebziger Jahre geht kaum.

Den großen Kofferraum hätte man auch anders präsentieren können.

Am 6. April begann beim Grand Prix Eurovision de la Chanson im britischen Seebad Brighton eine Weltkarriere, und das ausgerechnet mit einem Song über die vernichtende Niederlage Napoleons im belgischen Waterloo. Die schwedische Band ABBA, zwei Jahre zuvor gegründet und nur mäßig erfolgreich, überzeugte mit ihrem Song »Waterloo« die europäischen Juroren und begann an diesem Tag eine Weltkarriere, wie es sie zuvor noch nicht gegeben hatte. Die beiden Sängerinnen Agnetha Fältskog und Anni-Frid »Frida«

Schon vor seinem Produktionsstart im Oktober 1974 hatte der kleinste Audi eine beachtliche Bestleistung erreicht. In gerade 21 Monaten entwickelten die Ingenieure in Ingolstadt den Kleinwagen, der zwar in Bayern konzipiert wurde, aber in Wolfsburg vom Band lief. Damals gab es die Faustregel, dass die Entwicklung eines vollkommen neuen Modells mindestens fünf Jahre in Anspruch nahm.

Allerdings verschwand er auch relativ schnell wieder aus dem Audi-Programm. Bereits nach vier Jahren endete die erfolgreiche Karriere des Kleinwagens – ohne allerdings ganz zu verschwinden. Klingt irgendwie kryptisch, ist aber leicht zu erklären. Die Wolfsburger Marketingstrategen hatten beschlossen, dass Audi in die gehobeneren automobilen Klassen aufsteigen sollte, und da passte ein Kleinwagen nicht in die Vision für die Marke. Dennoch lebte der Audi 50 als Volkswagen Polo weiter und begründete die Laufbahn des kleinsten Volkswagen. Das schnörkellose Design des dreitürigen Audi 50 mit Heckklappe entstand in Ingolstädter Heimarbeit, das Designstudio Bertone übernahm lediglich eine »Beraterfunktion in einigen Details«. Welche das waren wurde nicht verraten.

Das Design passte sich nahtlos in die Formensprache der Marke ein und trug wie die größeren Modelle die vier Ringe in der Frontpartie. Der 1093 ccm große Motor war vorne quer eingebaut und leistete in der Basisversion 50 PS. Die besser ausgestattete GL-Variante kam auf 60 PS und kam mit einem Doppelauspuff zu den Kunden. 1978 endete die Laufbahn des kleinsten Audi nach rund 180.000 Exemplaren. Zwar hatten die Kreativen in Ingolstadt noch eine kosmetische Überarbeitung geplant, die den Kleinen optisch an die größeren Modelle 80 und 100 rücken sollte, doch dann entschied Wolfsburg, den Audi 50 in einer abgespeckten Version als Polo weiter zu produzieren.

Das Cockpit war vergleichsweise großzügig ausgestattet.

Im Heck des Audi 50 war Raum für das Große Urlaubsgepäck.

Der Audi 50 wurde schnell von Volkswagen als Polo übernommen.

Lyngstad zusammen mit dem Klavierspieler Benny Andersson und dem Gitarristen Björn Ulvaeus hatten gemeinsam einen Sound entwickelt, der sich erfolgreich gegen die damals dominierenden Bands aus den USA und Großbritannien durchsetzte. In Deutschland hatte die Band ihren ersten Auftritt im Januar 1973 in der legendären, von Ilja Richter moderierten Sendung »Disco«. 1982 kam wegen persönlicher Probleme der Bandmitglieder das Ende für die erfolgreichste schwedische Band aller Zeiten.

Volkswagen Scirocco noch ein Wind

Was für eine Idylle. Scirocco (in der US-Version) in der freien Natur beim Angelausflug.

Anfang der 1970er-Jahre wehte in Wolfsburg ein neuer Wind. Der Passat (ein starker Wind in den Tropen) zeigte die neue Richtung Frontmotor und -antrieb. Während er den Golf entwarf, dachte Stardesigner Giorgio Giugiaro bereits über ein preiswertes Coupé auf Basis des Golf I nach, das den betagten Karman Ghia ablösen sollte. Allerdings dachte der Volkswagen-Vorstand weniger an ein neues Coupé, sondern vielmehr an ein Modell, mit dem der Konzern die wirtschaftliche Zukunft sichern wollte. Bei Karmann, wo der Ghia hergestellt wurde, traf Giugiaro dagegen auf offene Ohren. Das Unternehmen griff in die Kasse und finanzierte die Entwicklung, womit sich die Geschichte wiederholte, denn auch die Entwicklung des Karmann Ghia wurde ohne Wolfsburger Unterstützung vorangetrieben.

Für den damaligen Volkswagen-Chef Nordhoff war das Coupé ein frivoler Ausflug in eine Welt, die ihm weitgehend fremd war. Er wollte Autos für das Volk bauen – und da waren Coupés fehl am Platz. Die von Giugiaro entworfene Karosserie trug deutliche Züge des ebenfalls von ihm entworfenen Alfasud Sprint und hob sich gleichzeitig von den rundlichen Formen des Ford Capri und Opel Manta ab. Den Namen Scirocco, ein heißer Wüstenwind, segnete der Konzernvorstand schließlich ab und am Ende schaffte das Modell 1974 doch noch die Aufnahme in das VW-Modellprogramm. Die Kombination aus Frontantrieb, Quermotor und Technik aus der Großserie sowie Heckklappe und geringes Gewicht (750 Kilogramm) entwickelte sich bald zu einer Erfolgsformel und besiegte in den Vergleichstests die Konkurrenz von Ford, Opel und Renault. Die Motorenpalette reichte vom 1,1-Liter-Vierzylinder mit 50 PS bis zum 1976 vorgestellten 110 PS starken Antrieb im Scirocco GTI. Im Technik-Magazin »Hobby« bedauerte der Autor damals die Besitzer von 50.000 Mark teuren Sportwagen. »Während man bisher zu teuren Namen greifen musste, um 100 km/h aus dem Stand in unter zehn Sekunden zu erreichen, kommen jetzt auch VW-Fahrer in den Genuss solcher Leistungsfreude: Der neue Scirocco GTI beschleunigt aus dem Stand bis zur 100 km/h-Marke in 8,8 Sekunden.« Damit lag der »Volkssportler« aus Wolfsburg auf dem Niveau eines Porsche 911, BMW 630 CS oder Alfa Montreal. In sieben Jahren kamen mehr als eine halbe Million Scirocco auf den Markt.

Auch der Scirocco verdankt seine Form dem damals unverzichtbaren Giorgetto Giugiaro.

Das Leichtgewicht (der Scirocco wog nur 750 Kilogramm) war auf Anhieb erfolgreich.

Keine Frage der Perspektive: Vorne und hinten machte der Scirocco eine gute Figur.

JULI 1974

Am 24. Juli endet in Wolfsburg eine Ära. Der letzte Volkswagen Käfer läuft vom Band des Werkes, das eigens für die Produktion des Modells errichtet worden war. Die deutsche Produktion wird nach Emden verlagert, und dort läuft im Oktober Käfer Nummer 18.000.000 vom Band.

Citroën 2 CV

– mit Aschenbecher

Wie der Volkswagen-Käfer weigerte sich auch der 2 CV standhaft, sich von der automobilen Bühne zu verabschieden. Zwar hatte Citroën mit der Dyane bereits einen Nachfolger im Programm, doch der 2 CV, in Deutschland auch »Ente« genannt, weigerte sich einfach abzutreten. Dazu hatte er damals noch viel zu viele Freunde, für die die Dyane eine Art Majestätsbeleidigung war. Die ersten Prototypen waren bereits 1938 erprobt worden und nach Kriegsbeginn in verschiedenen Garagen des Unternehmens vor den Deutschen versteckt worden. Auf dem ersten Pariser Automobilsalon nach dem Krieg rang der französische Präsident sichtlich um Fassung als die Citroën-Verantwortlichen ihre Schöpfung enthüllten. Nein, eine Schönheit war der 2 CV nie, das hatte auch niemand erwartet. Sein Durchhaltevermögen hatte seine Ursache in den unbestreitbaren Vorteilen der Konstruktion: Vier Türen, ein Faltdach und Platz für vier Erwachsene samt (bescheidenem Gepäck). Die für die französische Provinz gedachte Einfach-Limousine startete mit überschaubaren neun PS. In den 1970er-Jahren hatte sich die Leistung vervielfacht, und der 2 CV4 erreichte 23 PS, sodass die Höchstgeschwindigkeit auf etwas mehr als 100 km/h anwuchs. Allerdings litt der Antrieb unter einer sehr begrenzten Lebenszeit, und die wenigsten Motoren erreichten mehr als 80.000 Kilometer. Standfester war der Antrieb im 2 CV 6, wobei die Sechs natürlich nicht für sechs Zylinder stand. Der luftgekühlte Zweizylinder-Boxer kam auf 28 PS und machte aus der »lahmen Ente« eine flotte Gans. An der Technik änderte Citroën im Laufe der Jahre nur wenig – allerdings bekam der 2 CV im Jahr 1974 eine lange vermisste Neuerung. Irgendein Ingenieur hatte einen Platz gefunden, um einen Aschenbecher unterzubringen. Der saß nun über der Revolverschaltung, die etwas gewöhnungsbedürftig war und sich auch dadurch auszeichnete, dass man problemlos beim Beschleunigen vom ersten in den Rückwärtsgang schalten konnte, was mit einem extrem unangenehmen Geräusch quittiert wurde. Der 2 CV wurde vom Citroën-Marketing ge-

Der 2 CV wurde von seinen Besitzern und Besitzerinnen heiß und innig geliebt.

schickt gefördert, nachdem man dort eingesehen hatte, dass dieses Modell einfach nicht sterben wollte. Das Unternehmen veranstaltete Fernfahrten bis nach Kabul oder durch die Sahara. Für den Einsatz dort hatte Citroën außerdem eine Version mit Allradantrieb auf Wunsch des Mineralölunternehmens Total entwickelt. Der 2 CV Sahara hatte zwei Motoren, die zusammengekoppelt auch das schwerste Gelände besiegten. Heute ist diese Variante unter Freunden rund 100.000 Euro wert. Der 2 CV hatte nie eine internationale Karriere gemacht wie der Käfer, obwohl sich einige Exemplare sogar in die USA verirrten. Deshalb kam das Modell nur auf rund 3,3 Millionen Exemplare. 1990 endete die Laufbahn des automobilen Fossils.

Typisch siebziger Jahre: Auch bei der Werbung für den 2 CV spielten junge Frauen eine wichtige Rolle.

Im Laufe seiner Bauzeit hat sich der 2 CV kaum verändert. Die rechteckigen Scheinwerfer waren aber nicht gelungen.

1990, da war das Modell schon ein automobiles Fossil, endete die Laufbahn des 2 CV nach rund 3,3 Millionen gebauten Exemplaren.

SEPTEMBER 1974

In Hamburg wird am 23. September eine der spektakulärsten Brücken Deutschlands eingeweiht. Die Köhlbrandbrücke verbindet die Elbinsel Wilhelmsburg mit der Autobahn A7 und überspannt den 325 Meter breiten Köhlbrand. Sie wurde von dem Ingenieur Paul Boué und dem Architekten Egon Jux entworfen. Inzwischen steht das Bauwerk auf der Liste der Hamburger Kulturdenkmäler. Trotzdem ist ihre Zukunft gefährdet, weil die Mega-Containerfrachter ihr zu nahekommen.

Ford Capri II

– der sexy European

Für die PR-Abteilungen musste sich der Capri auch auf der Skipiste bewähren.

Mit dem Ford Capri wollte Ford in Europa den Erfolg des Mustangs in den USA wiederholen, der nach seiner Vorstellung die Geschichte der sogenannten Pony Cars begründet hatte. Von der ersten Auflage verkaufte Ford weltweit mehr als eine Million Exemplare, und 1974 folgte kurz nach der Ölkrise die zweite Auflage, deren Design deutlich sachlicher ausfiel als der rundliche Vorgänger, der in den USA als »sexy European« bei den Ford-Händlern stand und zeitweise hinter dem unverwüstlichen VW Käfer zum zweitbesten Importmodell aufstieg. Das Design hatte der Ford-Deutschland-Chefkreative Uwe Bahnsen entworfen, wobei das Grundkonzept – lange Motorhaube, niedrige Dachlinie und kurzes Heck erhalten blieb. Der Capri II hatte nun größere Glasflächen als der Vorgänger und endlich auch eine Heckklappe statt der kleinen Kofferraumklappe. Auch der Innenraum war von den Kölner Designern überarbeitet worden, und Pilot und Beifahrer saßen nun in sogenannten Schalensitzen, die zusätzlichen Komfort und einen verbesserten Seitenhalt ermöglichten.

Im Kapitel Technik kamen nun auch Neuerungen in die Modellpalette. Dazu gehörte ein Automatikgetriebe sowie eine modifizierte Hinterachse und neue Feder- und Dämpferabstimmungen, die die dynamischen Eigenschaften des Coupés deutlich verbesserten. Das Motorenangebot wurde mehr oder weniger vom Vorgänger übernommen und reichte vom 1,3-Liter-Vierzylinder mit überschaubaren 55 PS bis zum Dreiliter-Sechszylinder mit 138 PS. Ford war sich so sicher, ein zuverlässiges Modell anbieten zu können, dass man in Köln beschloss, die Garantie auf ein Jahr oder 20.000 Kilometer zu verdoppeln.

Mit dem Capri spielte Ford auch im Motorsport eine wichtige Rolle, die das Image der biederen Fahrzeuge deutlich aufbesserte. 1971 sicherte Dieter Glemser der Marke den Titel des europäischen Tourenwagenmeisters, und Jochen Maas stand nach acht Siegen in acht Rennen als deutscher Tourenwagenmeister fest. Beim 24-Stunden-Rennen im belgischen Spa Francorchamps erreichte Ford 1972 einen Dreifachsieg in der Tourenwagen-Wertung.

Die geglättete Form des Capri II war auf Anhieb erfolgreich und fand viele Liebhaber.

Was für eine Inszenierung für den »Sexy European«.

1974

Der Capri hatte auch in den USA eine treue Kundschaft.

Im Heck fand eine Golfausrüstung ausreichend Platz.

Die zweite Generation des Coupés blieb bis 1977 im Programm, dann gab es nochmal ein Facelift.

Im Gelände war der Capri irgendwie fehl am Platz.

Wer seinen Capri liebt, der putzt sein Coupé.

Für jedes Vergnügen geeignet: der Capri.

Citroën CX

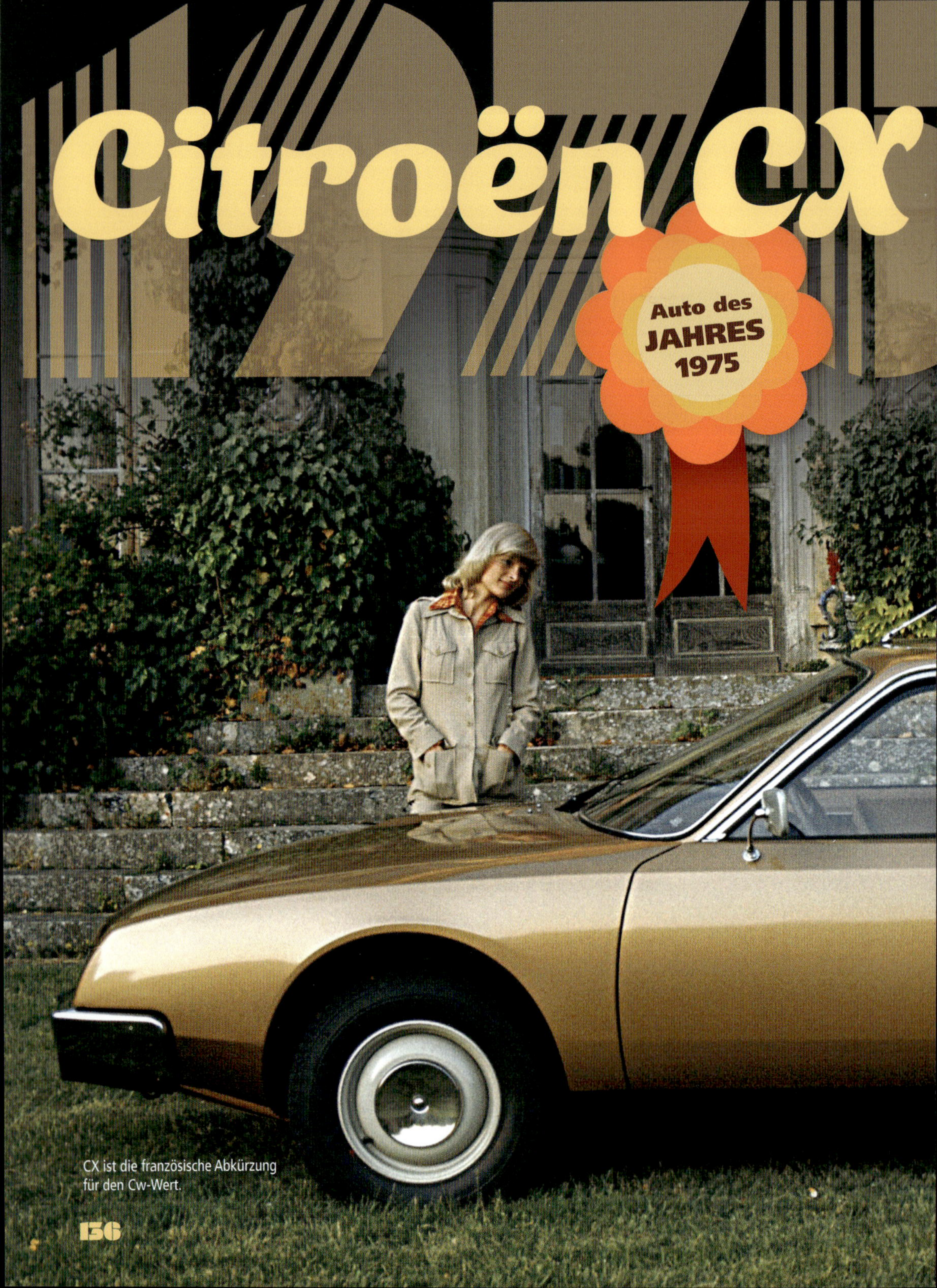

CX ist die französische Abkürzung für den Cw-Wert.

Wie ersetzt man eine Göttin? Diese Frage mussten sich die Entwickler bei Citroën Ende der 1960er-Jahre stellen. Die DS war 20 Jahre nach ihrer Premiere in die Jahre gekommen und Citroën stand vor der komplizierten Aufgabe, einen Nachfolger zu entwickeln. Wobei die »Göttin« ihren Namen einem puren Zufall verdankt. DS wird zwar Déesse ausgesprochen, was auf Deutsch Göttin bedeutet, doch die Abkürzung war lediglich der Entwicklungscode für das Modell. Für den Nachfolger wählten die Marketingexperten die Abkürzung CX, was auf Französisch Cw-Wert bedeutet und durchaus programmatisch gemeint war. Mit der Entwicklung war 1969 begonnen worden, und ursprünglich war als Antrieb ein Wankelmotor geplant. Erste Prototypen erreichten Spitzengeschwindigkeiten von 215 km/h, doch die hohen Verbrauchswerte verhinderten den Einsatz in der Serie. Daher griff man auf die bewährten Zwei- und 2,2-Liter-Motoren der DS zurück (102 PS bis 112 PS), die wiederum auf den bereits 1934 vorgestellten legendären Traction Avant zurückgingen. In der futuristischen Karosserie arbeitete also eine Antriebstechnik von vorgestern. Der CX wurde im August 1974 in Lappland vorgestellt, und die Journalisten durften danach die Autos nach Paris zurückfahren. Wollte Citroën so die Transportkosten sparen? Die neuen, alten Motoren waren sparsamer, die Hydropneumatic brachte hohe Komfortwerte. Die jedoch nicht die, diplomatisch ausgedrückt, gewöhnungsbedürftige Verarbeitungsqualität, verdecken konnte. Der Innenraum war wie beim kleineren GS futuristisch gestaltet mit Lupentacho und Bediensatelliten. Bei der Wahl zum europäischen Auto des Jahres setzte sich der CX gegen den VW Golf durch, der auf den zweiten Platz rollte.

Das Cockpit kam bei deutschen Testern nicht gut an

BMW 3er-Reihe – der neue Markenkern

Der Dreier war auf allen Untergründen gut unterwegs und verkörperte den BMW-Spruch »Freude am Fahren«.

Beim Blick in die Zukunft müssen die BMW-Manager irgendwann mal nach Bella Italia geblickt haben. Dort zeigte Alfa Romeo mit seinen Modellen, wie sich Fahrspaß mit klassischen Limousinen kombinieren ließ. Giuila und Giulietta brachten auch biedere Familienväter in Versuchung, das Gaspedal mal etwas stärker zu beanspruchen. Die Antwort aus München war die legendäre 02-Reihe, die gegen Ende der Sechziger Jahre einen Nachfolger brauchte. Mit dem »Dreier« startete Anfang 1975 eine Baureihe, die bis heute den Markenkern des Unternehmens bildet und sich regelmäßig als meistverkaufte Modellreihe erweist. Der »Dreier« war bald das Synonym für die Sportlimousine und das vollkommen unabhängig von der Motorisierung, die von Benziner-Vierzylindern über Diesel bis zu Biturbo-Sechszylindern reicht.

Der Ort für seine Vorstellung war mit Bedacht ausgewählt. Das Olympiagelände in München stand für Erfolg. Hier war die deutsche Fußballmannschaft ein Jahr zuvor Weltmeister geworden, und überhaupt waren die Siebziger Jahre von einer generell optimistischen Stimmung geprägt. Alles schien möglich, man musst es nur anpacken. Auch die Mode war flotter geworden, der Minirock sorgte für Kontroversen, und geschmackliche Entgleisungen wie Schlaghosen und Plateauschuhe sprechen nicht unbedingt für den damaligen Zeitgeschmack. Wie die 02er-Reihe kam der Dreier zunächst als Zweitürer auf den Markt. Verantwortlich für die Form des neuen Modells war Designer Paul Bracq, der bei Mercedes das Pagodendach für den 230 SL entworfen hatte. Später sollte von ihm noch der Entwurf für den BMW-Siebener folgen. Allerdings sorgte das Design nicht nur für Beifall. Während die Seitenlinie und die Frontpartie durchaus gefielen, bekam die Heckansicht eher bescheidene Noten. Vor allem die Partie zwischen den Heckleuchten kam beim zahlenden Publikum und der Fachpressen nicht gut an, und deshalb ergänzten die Münchner Kreativen diese Lücke ziemlich schnell durch eine schwarze Kunststoffblende.

Anfangs bestand die Modellfamilie aus den vier Mitgliedern 316, 318, 320 und 320i, wobei sich die beiden 320er durch Doppelscheinwerfer von den anderen Versionen abhoben. Die Leistung lag zwischen 90 und 125 PS. Die ersten Dreier kamen als Limousine zu den Händlern, doch zwischen 1977 und 1982 produzierte die Stuttgarter Karosseriemanufaktur Baur 4595 Mal eine Cabrio-Limousine auf Basis des Dreiers, die allerdings keine Chance gegen das von BMW später nachgereichte »richtige Cabriolet« hatte.

Für das neue Modell entwickelten die Interieur-Designer außerdem ein neues Cockpit, das danach von allen anderen Modellen der Marke übernommen (und von fast allen Mitbewerbern kopiert) wurde – eine Instrumentensammlung, die sich dem Menschen hinter dem Lenkrad zuwendet.

Das Fahrwerk konnte von Beginn an Überzeugen...

... und das auch abseits der Straße.

Der BMW Dreier sprach eine dynamische Kundschaft an.

Einziger Schwachpunkt des neuen Dreiers: Das Heck fand anfänglich nur wenig Gefallen.

Der Dreier war auf dem Sprung in eine neue BMW-Epoche.

Renault 30 – Sechs statt acht Zylinder

Autos der gehobenen Klassen hatten – wenigstens in Deutschland – ein gemeinsames Merkmal: Die eher konservative Kundschaft bevorzugte das klassische Stufenheckdesign, und deshalb war es durchaus mutig, als Renault mit dem 30 TS im Jahr 1975 ein Fahrzeug mit Fließheck vorstellte. Was mit dem Renault 16 funktioniert hatte, musste auch in einem höheren Segment funktionieren, dachten sich die Verantwortlichen in Paris – und lagen damit doch daneben. In Deutschland konnten sich bis zum Produktionsende gerade rund 18.000 Kunden für den R30 in seinen verschiedenen Ausführungen entscheiden. Insgesamt liefen rund 145.000 Exemplare im französischen Sandouville von den Bändern. Der R30 war der erste Renault mit Sechszylinder-Antrieb nach dem Kriegsende, wobei die Limousine ursprünglich mit einem Achtzylinder geplant war. Diese Entwicklung hatte bereits Ende der 1960er-Jahre begonnen und wurde durch die Ölkrise abrupt beendet. Also wurden zwei Zylinder ersatzlos gestrichen und der R30 rollte mit einem V6-Zylindermotor zu den Händlern. Gedacht war der R30, so die Lyriker der deutschen Pressemappe »für vielfahrende Manager und Unternehmer«, doch die blieben den Modellen mit Sternen, Ringen oder Nieren treu. Der 2,7 Liter große Sechszylinder trieb auch den Volvo 264 und die Cabrio- und Coupé-Versionen des Peugeot 504 an. In einem ADAC-Test wurde damals unter anderem die Ausstattung gelobt: »Enthält über den notwendigen Umfang hinaus unter anderem elektrische Fensterheber vorn, Servolenkung, Zentralverriegelung, hydraulische Leuchtweitenregulierung, Funktionskontrollleuchten für die Bremsen«.

Der Renault 30 war ein Versuch der Franzosen, gegen die deutschen Premiummodelle anzutreten.

Das Design war elegant, aber gleichzeitig auch wenig aufregend. Das reichte nicht gegen BMW und Co.

Unter der Haube arbeitete ein V6-Zylinder. Ursprünglich war ein Achtzylinder geplant, den die Ölkrise verhinderte.

Die eigentlich praktische Heckklappe war ein Novum in der gehobenen Klasse, wurde aber nicht von der Kundschaft honoriert.

Audi 100 C2

– der Aufsteiger

Mit dem ersten Audi 100 hatte sich der Ingolstädter Volkswagen-Ableger bereits der Premium-Klasse angenähert, obwohl das Modell von einigen Zeitgenossen als »Prokuristen-Mercedes« verspottet wurde. Der Nachfolger des Erfolgsmodells wurde von Grund auf neu entwickelt und sollte in der gehobenen Mittelklasse gegen die außerordentlich erfolgreichen Mercedes-Baureihe W123 antreten. Ursprünglich war auch eine Variante mit Wankelmotor geplant, doch wie bei so vielen anderen Entwicklungen der frühen 1970er Jahre machte auch hier die Ölkrise einen Strich durch die Anstrengungen der Ingenieure. Schließlich war der neue Audi 100 auch als Nachfolger für den NSU Ro 80 geplant, doch nach ausführlichen Tests wurde der Plan fallen gelassen, und der Ro 80 verschwand ohne Nachfolger von der automobilen Bühne. Dennoch überraschte das Modell mit einer technischen Premiere. Ferdinand Piëch, damals Entwicklungschef bei Audi, hatte einen 2,1 Liter großen Fünfzylinder-Motor konstruieren lassen, der, ausgerüstet mit der mechanischen Bosch K-Jetronic-Einspritzung 136 PS leistete. War der erste Audi 100 noch vor allem für den deutschen und europäischen Markt entwickelt worden, so nahm der 100 C2 den Weltmarkt ins Visier und wurde vor allem in den USA zum Erfolgsmodell. Neben der 1975 eingeführten Limousine kam 1977 die Variante Avant mit einer großen Heckklappe auf den Markt, die in der Seitenansicht dem kleineren Passat ähnelte. Für das Design war Hartmut Warkus verantwortlich, der bis in die 1990er-Jahre viele Audi- und Volkswagenmodelle entwarf und mit einem kleinen hinteren Dreiecksfenster ein Element des Ro80 übernahm. So überlebte wenigstens ein kleines Zitat der Wankel-Limousine. Das Interieur gestaltete Claus Luthe, der bereits den Ro80 entworfen hatte. Luthe verstand es, im Innenraum auf deutliche Farbkontraste zu verzichten, um so eine harmonische Stimmung zu schaffen. Rot war für ihn daher tabu, denn diese Farbe schuf aus seiner Sicht »vermeidbare Aggressionsreize«. Bei der Entwicklung des 100 C2 stand neben der Entwicklung einer eigenständigen Formensprache auch eine deutliche Gewichtsreduzierung im Lastenheft der Ingenieure, und die schafften es, den großen Audi um rund 200 Kilogramm leichter zu produzieren als vergleichbare Modelle der Konkurrenz. Allerdings litten die Modelle wie viele andere Produkte der Mitbewerber unter starker Korrosion, die in den 1980er Jahren dazu führte, dass Audi als erster Hersteller überhaupt feuerverzinkte Karosserieneinführte.

Mit der zweiten Generation nahmen die Audi-Verantwortlichen Mercedes und BMW ins Visier.

Mit dem Audi 100 kam die Heckklappe bei einem deutschen Premiummodell ins Angebot.

Auch auf verschneiten Straßen war der Audi 100 C2 zuverlässig unterwegs.

Das kleine hintere Dreiecksfenster ist ein Gestaltungselement des Ro80, das den legendären Vorgänger zitiert.

Triumph TR 7 – Abschied als Keil

Als der Triumph TR7 im Jahr 1975 auf den amerikanischen Markt kam, sprechen die Lyriker der Werbekampagne von »the shape to come«, also der »Form der Zukunft« und ließen das Coupé im Werbespot am Ende in eine keilförmige Garage fahren. Der TR7 beendete gleich zwei Traditionen. 32 Jahre lang stand die Buchstabenkombination für typisch englische Roadster mit einer klassischen Rahmenkonstruktion. Und dann kam »the shape to come« mit einer selbsttragenden Karosserie mit festem Dach. Triumph hatte die Coupé-Variante gewährt, weil in den USA damals ernsthaft über ein

Die Dame blickt etwas ratlos. Das waren auch viele Kunden, als sie den TR 7 zum ersten Mal erblickten.

Verbot von Cabrios diskutiert wurde. Cadillac brachte damals sogar eine als »final edition« bezeichnete vermeintlich letzte Cabrioversion des Eldorado auf den Markt. Designer Harris Mann hatte in der Tat eine Form gschaffen, die sich von allen bisher angebotenen TR-Modelle radikal unterschied. Als Antrieb übernahm der TR7 den Motor vom Triumph Dolomite, also vier Zylinder, eine obenliegende Nockenwelle mit 1998 ccm. In der anbgasentgifteten amerikanischen Version standen anfangs 90 PS zur Verfügung. Später stieg die Leistung auf 106 PS.

Zunächst wurde der TR7 ausschließlich in den USA angeboten – und von der Fachpresse durchweg positiv besprochen. Allerdings unterschieden sich die Testmodelle offensichtlich von den Serien-Fahrzeuge. Die ersten Kunden beklagten Qualitäts- und Konstruktionsprobleme, sodass bald mehr als 200 Nachbesserungen notwendig wurden. Im Sommer 1976 wurde der TR7 auch in Europa angeboten. Die europäische Fachpresse bemängelte allerdings im Gegensatz zu den amerikanischen Kollegen einen mangelhaften Fahrkomfort, und in Deutschland bezweifelte »Auto Motor und Sport«, dass sich »der Neue aus Liverpool auch auf dem deutschen Markt, wo er DM 16.990 Euro kostet, durchsetzen wird.«

1978 schließlich schob Triumph eine Roadster-Version nach, die eine Höchstgeschwindigkeit von 180 km/h erreichte. Insgesamt wurden von allen Versionen bis zum Produktionsende (damit endete auch die TR-Geschichte) 115.000 Exemplare hergestellt – darunter 2800 TR8 mit Achtzylindermotor.

Der TR7 sollte, so die Planungen, eine eigene Modellfamilie begründen. Geplant waren unter anderem ein viersitziges Coupé und eine sportliche Kombiversion. Diese Pläne wurden allerdings von der Streiklust der britischen Gewerkschaften verhindert.

Der TR7 kam zunächst als Coupé auf den Markt.

Formensprache à la Automobilwerbung der Siebziger Jahre.

Das Coupé war zunächst für die USA entwickelt worden und kam im Sommer 1976 nach Europa.

Auch das verführerische Lächeln konnte über die Zuverlässigkeitsprobleme des TR7 nicht hinwegtäuschen.

Jaguar XJ-S – Der Nachfolger hats schwer

Im September 1975 stellte Jaguar auf der Frankfurt Internationalen Automobilausstellung den Nachfolger eines zur Ikone gewordenen Sportwagen und sorgte damit bei ihren Kunden für eine gewisse Portion Verwirrung. Der Jaguar E war während seiner 14-jährigen Bauzeit damals der unumstrittene Star auf der automobilen Bühne. »Auto Motor und Sport« ordnete in einem ersten Testbericht das Design als »sportlich, aber nicht sonderlich aufregend« ein, vergab aber gute Noten für den V-12-Motor (5,3 Liter) und bescheinigten dem Antrieb eine »erstaunliche Geschmeidigkeit«. »Selbst bei niedrigsten Drehzahlen spricht er sauber an und dreht völlig vibrationsfrei hoch.« Als Fazit bescheinigten die Tester dem XJ-S eine »beispielhaft gepflegte Form der Fortbewegung.«

Für die Kraftübertragung wählten die Jaguar-Ingenieure zwei ziemlich antiquierte Angebote. Neben einem serienmäßigen, wenig zeitgemäßen Vierganggetriebe standen noch eine ebenfalls veraltete Dreigang-Automatik von Borg Warner zur Wahl. Die Antwort der Kunden war eindeutig: Nur 352 Unerschrockene wählten den Schalter, sodass die Variante 1978 eingestellt wurde. Die Automatik konnte aber nicht verhindern, dass der XJ-S zu seiner Zeit mit maximal 241 km/h das schnellste Serienmodell mit Automatikgetriebe war. Gebaut wurde der XJ-S in einer Fabrik in Coventry, die durchaus als Industriemuseum durchgehen konnte.

Hatte der Wechsel vom E-Type zum XJ-S irritiert, so war die Jaguar-Gemeinde erst recht vom sachlichen – Kritiker sprachen von einem tristen – Armaturenbrett irritiert, wo das klassische Wurzelholz einer neuartigen Informationszentrale gewichen war. In den ersten Jahren hatte es der XJ-S schwer und angesichts des schleppenden Verkaufs konnte sich damals niemand vorstellen, dass der XJ-S (später XJS) 21 Jahre im Programm von Jaguar überleben sollte und schließlich mit insgesamt 115.000 Exemplaren seinen Vorgänger deutlich übertraf.

Bei seinem Debüt konnte der XJ-S nicht überzeugen, blieb dann aber 21 Jahre lang im Jaguar-Programm.

Wo geht's lang. Eine immer wiederkehrende Frage, als es noch keine Navigationssysteme gab.

Das Heck des XJ-S sorgte für Diskussionen in der Jaguar-Community.

Der XJ-S wurde insgesamt 115.000 Mal verkauft.

Rolls-Royce Carmargue – der Beau

Der Carmargue wurde von einem säuselnden V8 angetrieben, der das Coupé auf maximal 200 km/h beschleunigte.

Bei der Entwicklung des Carmargue beschritt Rolls-Royce neue Wege. Zum ersten Mal durfte ein externer Designer ein Modell entwerfen. Paolo Martin hieß der Glückliche. Der bei Pininfarina angestellte Kreative hatte zuvor das Fiat 130 Coupé gezeichnet und übernahm Elemente aus diesem Modell in den Carmargue, der 1975 auf den Markt rollte. Allerdings fielen einige Details den kritischen Blicken der Rolls-Royce-Verantwortlichen zum Opfer. 1975 rollte das viersitzige Coupé auf den Markt. Das Fahrwerk war von der Limousine Silver Shadow übernommen worden, und als Antrieb wählten die Ingenieure den verstärkten Motor aus dem Corniche. Der V8-Motor hatte einen Hubraum von 6750 ccm, was für eine Höchstgeschwindigkeit von 200 km/h ausreichte. Wie üblich verschwieg Rolls-Royce die Leistungsdaten im Verkaufsprospekt, doch die Spielverderber vom Kraftfahrtbundesamt ermittelten 212 PS bei 4500 Umdrehungen.

Im Prospekt wurde stattdessen die neue Klimaanlage des Coupés hervorgehoben. »Das hauptsächliche neue Konstruktionsmerkmal des Rolls-Royce Carmargue ist die von Rolls-Royce Motors Ltd. geschaffene Klimaanlage, und diese gibt dem Wagen einen ganz besonderen Reiz. Beim Betrieb steht es dem Fahrer frei, die Temperatur nach dem eigenen Bequemlichkeitsempfinden einzustellen, wozu ihm eine Wählanlage für obere und untere Zirkulation zur Verfügung steht, und die Temperatur im Fahrzeuginneren wird stets die gleiche bleiben, ganz gleich was für Schwankungen sich in der Außenluft vollziehen.« Rolls-Royce hatte die Klimaautomatik erfunden, und die neue Anlage »sorgt durch ihre einzigartige Bauweise auch für einen gleichbleibenden Luftfeuchtigkeitsgehalt.« Für die Kraftübertragung war eine Dreigang-Automatik mit Drehmomentwandler verantwortlich.

Der Carmargue galt zu seiner Zeit als der schönste Rolls-Royce aller Zeiten, bewegte sich aber in unerreichbaren Preisregionen. »Auto Motor und Sport« bescheinigte dem Carmargue gute Komfortwerte, kritisierte aber, dass das Coupé bei hohen Geschwindigkeiten einen schlechteren Federungskomfort erreichte als vergleichbare Mercedes-Modelle.

Das Coupé wurde erstmals von einem externen Designer entworfen.

My Car is my Castle hieß offensichtlich die Devise beim Design.

Für den Carmargue hatte Rolls-Royce die Klimaautomatik erfunden.

APRIL 1975

In der Formel 1 erreicht die Italienerin Lella Lombardi als erste und bisher auch einzige Frau die Punkteränge bei einem Grand Prix. Auf dem Circuit de Montjuic in Barcelona beendete sie den nach einem schweren Unfall abgebrochenen Grand Prix von Spanien als Sechste und erhielt dafür einen halben Punkt.

1976 Simca

Die Société Industrielle de Mécanique et Carosserie Automobile, kurz Simca, war 1934 in Frankreich von Fiat gegründet worden und wechselte im Laufe ihrer turbulenten Geschichte mehrmals den Besitzer. Am Ende gehörte die inzwischen weitgehend vergessene Marke zu Chrysler, wurde 1978 von der PSA (Peugeot Citroën) übernommen und in Talbot umbenannt. Simca gehörte lange zu den größten französischen Herstellern, und der Simca 1100 war zeitweise das meistverkaufte Modell in Frankreich. 1976 wurde der 1307/08 von den europäischen Juroren zum Auto des Jahres gewählt. Die Schrägheck-Limousine gehörte zu den Pionieren dieser Karosserieform und war seit 1972 entwickelt worden. Chrysler verkaufte den 1307/08 auch als Chrysler Alpine in Großbritannien, Neuseeland und Irland, als Dodge Alpine in Kolumbien und als Chrysler 150 in Spanien. Als Antrieb wählten die Entwickler für die ersten Versionen Vierzylinder mit 1,3 Liter und 1,4 Liter Hubraum (55 PS/85 PS) mit Transistorzündung und Viergangetriebe. Die Endziffern sieben und acht bezeichnen die französischen Steuer-PS. Mit seinem Design hoben sich die beiden Modelle deutlich von den damals noch vorherrschenden konservativen Designs der Konkurrenz wie Ford Taunus oder Opel Ascona ab.

1307/08

Auto des JAHRES 1976

Mit dem Design hob sich der 1307/08 von den Konkurrenzmodellen ab.

Der Simca 1307/08 war ein von Chrysler weltweit angebotenes Modell.

Simca war lange eine erfolgreiche Marke und wurde später von PSA geschluckt.

Ford Fiesta
– der Kleine Liebling

Gestartet in den USA als »Bobcat« oder Luchs, begann der kleinste Ford hierzulande Mitte 1976 als Fiesta seine erfolgreiche Laufbahn und belegte viele Jahre lang den ersten Platz bei den Zulassungen seiner Klasse. Das »Projekt Bobcat« wurde schließlich in den USA für ein kleines Modell des Ford-Ablegers Mercury verwendet. Der erste Fiesta mit seiner unscheinbaren Karosserie besaß die bis heute in diesem Segment üblichen Eigenschaften. Zwei Türen und eine große Heckklappe – mit dieser Mischung war er vor allem bei der weiblichen Kundschaft erfolgreich. Bis zu seinem Produktionsende im Jahr 2023 wurden weltweit mehr als 20 Millionen Exemplare des pfiffigen Kleinwagens verkauft, der damit deutlich über dem Model T liegt. In Köln, wo der erfolgreiche Fiesta zuletzt gebaut wurde, laufen nun Elektromodelle vom Band. Bei seiner Vorstellung im Jahr 1976 war der in Spanien produzierte Fiesta eines der ersten Modelle der Marke mit Frontantrieb. Den hatte es zuvor nur beim Taunus (P4 und P6) und dem britischen Corcel gegeben. Die Entwicklung des Fiesta begann Anfang der 1970er-Jahre mit dem Ziel, der Kundschaft ein preiswertes und sparsames Auto anbieten zu können. Neben der Limousine gab es den Fiesta auch als Kleinlieferwagen. Als Antrieb kamen Vierzylindermotoren mit 1,6 Liter Hubraum (45 bis 67 PS) zum Einsatz. Die Laufbahn des europäischen Kleinwagens in den USA war allerdings nur kurz. Zwischen 1977 und 1980 wurde er dort angeboten, doch irgendwie war den Amerikanern dieses Auto dann doch zu klein. Stattdessen griffen sie beim Capri begeistert zu, der als »sexy European« in den USA eine erfolgreiche Karriere erlebte. Zusätzlich zu den »zivilen Versionen« entstanden vom Fiesta später auch Sportversionen mit dem Zusatz »XR«. Neben einem tiefergelegten Fahrwerk und optischen Aufwertungen durch Karosserieverbreiterungen und Spoiler samt den unvermeidlichen Rallyestreifen sowie einem Drehzahlmesser leistete der 1,6 Liter Motor beim ersten Auftritt 84 PS, was für eine Beschleunigung von 10,1 Sekunden von Null auf 100 km/h reichte.

Der kleine Ford war auf Anhieb erfolgreich und lange Zeit der bestverkaufte Kleinwagen in Deutschland.

Der Fiesta war zwar als Kleinwagen entwickelt worden, eignete sich aber auch für längere Urlaubsfahrten.

Das angestammte Revier des kleinen Ford war die Stadt, und hinter der Heckklappe passte der Wochenendeinkauf.

Der Fiesta konnte sich auch wegen seines angenehmen Fahrverhaltens bei der Kundschaft durchsetzen.

Die erste Million ist geschafft. Am Ende liefen bis zur Produktionseinstellung im Jahr 2023 mehr als 20 Millionen Fiestas von den Bändern.

JANUAR 1976

Die Bundesregierung reagiert auf 16.000 Verkehrstote im Vorjahr und verhängt die Gurtpflicht. Die Maßnahme traf auf großen Widerstand, obwohl sie einen wichtigen Beitrag zur Senkung der Opferzahlen darstellte. Um die Bundesbürger auf die Gurtpflicht vorzubereiten wurde die Kampagne »Klick - Erst gurten dann starten« gestartet.

Mercedes W123

– der Bestseller

Der W123 war auf Anhieb erfolgreich, sodass die Lieferfristen in die Höhe gingen.

Im Januar 1976 trafen sich die internationalen Motorjournalisten im südfranzösischen Bandol, um eine neue Baureihe von Mercedes-Benz zu testen. Damals war Südfrankreich der Ort, um neue Fahrzeuge der Fachpresse erstmals zu zeigen. Hinter der nüchternen Bezeichnung verbarg sich die neue Mittelklasse der Stuttgarter, die sich in den kommenden Jahren zum meistgebauten Modell der Stuttgarter entwickelte. Bis 1986 rollten knapp 2,7 Millionen Exemplare von den Bändern.

Die Entwicklung der Modellreihe begann Anfang der 1970er-Jahre, und die Ingenieure waren angewiesen, sich bei der Konstruktion an der 1972 vorgestellten S-Klasse zu orientieren. Viele Fahrwerkselemente wurde von den großen Limousinen

Auch für repräsentative Einkäufe war der W123 ein perfekter Begleiter.

JUNI 1976

Auf der Hochgeschwindigkeitsstrecke im süditalienische im Nardo startet der Mercedes C111 zu Rekordfahrten. Am Ende stehen drei Weltrekorde, die der Prototyp mit einem Fünfzylinder-Dieselmotor erreicht.

Die Baureihe W123 wurde vor dem Serienstart ausführlich getestet. Das Ergebnis war ein rundum zuverlässiges Modell.

Die Modelle mit den stärkeren Motorisierungen waren an den Breitband-Scheinwerfern zu erkennen.

Vor allem Taxifahrer bevorzugten den W123 als zuverlässiges Gefährt, das für extrem lange Laufzeiten gut war.

Mit dem W123 eroberte Mercedes ein neues Segment, in dem die Marke bis heute eine führende Rolle einnimmt.

AUGUST 1976

Beim Grand Prix von Deutschland verunglückt Niki Lauda und erleidet lebensgefährliche Brandverletzungen. Der Österreicher kämpft sich schwer gezeichnet ins Leben zurück und hat beim letzten Rennen der Saison in Japan sogar noch Chancen auf den WM-Titel. Allerdings bricht er sein Rennen wegen des strömenden Regens ab, sodass James Hunt den Titel einfährt.

übernommen. Das Design übernahm das Gespann Friedrich Geiger und Bruno Sacco. Den beiden war ein großer Wurf gelungen, sodass die Kunden bis zu drei Jahre auf ihr Fahrzeug warten mussten. Es entstand ein riesiger Schwarzmarkt, auf dem bis zu 5000 DM für die Übernahme von Kaufverträgen geboten wurden. Jahreswagen wurden teilweise deutlich über Neupreis weitergereicht. Trotzdem hatte Mercedes-Benz für ausgewählte Kunden Wagen auf Lager, die problemlos lieferbar waren. Die Preise lagen zwischen 18.870 Mark für den 200 und endeten bei 26.895 Mark für den 280 E. Als Mercedes einige Jahre später die Preise anpasste, und es fortan kein Modell für weniger als 20.000 Mark gab, war das der Tagesschau eine Meldung wert.

Am Anfang standen neun Modelle zur Wahl: Vier Diesel- und fünf Benzin-Versionen gingen an den Start, die sich äußerlich durch die Scheinwerfer unterschieden. Die Modelle mit den schwächeren Motoren wurden mit sogenannten »Ochsenaugen«, also Rundscheinwerfern, die stärkeren Modelle mit rechteckigen Halogenscheinwerfern ausgestattet, die an die S-Klasse erinnerten. Für den Zoll, der Jagd auf Zeitgenossen machte, die ihren Diesel mit preiswertem Heizöl bewegten, gab es ein wichtiges Erkennungsmerkmal. Die Benziner trugen die Antennen hinten links, bei den Diesel-Versionen stand die Antenne auf dem rechten Kotflügel vorne. Die Leistungspalette reichte von 55 PS beim Diesel bis zu 185 PS beim 2,8 E.

Ein zentraler Punkt bei der Entwicklung der Baureihe 123 war die passiven Sicherheit. Damals war sogar die Einführung eines »Luftsacks« – so nannten die Verantwortlichen damals noch den Airbag – der es 1981 in die Mercedes-Flotte schaffte, vorgesehen. Die Sicherheits-Fahrgastzelle war weiter verbessert worden, und die vorderen und hinteren Knautschzonen (eine Erfindung des Leiters der Vorentwicklung Béla Barényi) waren ebenfalls optimiert worden. Gleichzeitig wurde eine neue Lenksäule eingeführt, bei der die Gefahr des Eindringens der Lenksäule in das Wageninnere weiter reduziert wurde. Mehr passive und aktive Sicherheit gab es damals in keinem anderen Modell.

Neben der klassischen Limousine hatte Mercedes-Benz auch weitere Karosserievarianten im Programm. Ein Jahr nach der Limousine stand ein Coupé bei den Niederlassungen der Marke, das allerdings nicht zu den gelungensten Designs gehörte. Gleichzeitig kam eine Kombiversion auf den Markt, die sich bald ebenfalls zu einem Erfolgsmodell entwickeln sollte. Bis zu diesem Zeitpunkt verzichtete Mercedes-Benz auf diesen Markt. Damals galten Kombis noch als Fahrzeuge für Handwerk und Gewerbe, und ein entsprechendes Modell mit Stern war nicht standesgemäß. Wer dennoch einen Mercedes->Kombi fahren wollte, war auf die Umbauten von Karosseriespezialisten wie dem belgischen I.M.A. angewiesen, wo die Limousinen zum Modell »Universal« umgebaut wurden. Sogar die S-Klasse bekam in Belgien eine Heckklappe.

Mit der Baureihe 123 wagte Mercedes-Benz auch eine Rückkehr in den Motorsport, aus dem sich das Unternehmen 1955 nach dem Unfall beim 24-Stunden-Rennen in Le Mans zurückgezogen hatte. Unter anderem siegte ein 280 E bei der Langstreckenfahrt London-Sydney, und auch bei der »Vuelta a la Americana Sud« über 30.000 Kilometer war die Marke erfolgreich und belegte die ersten fünf Plätze. Die beiden eingesetzte 280 E kamen auf die Plätze frei und fünf.

Die Modelle des W123 überzeugten seine Kunden durch ihre Zuverlässigkeit.

1977 Rover

Auto des JAHRES 1977

In den 1970er-Jahren gab es noch eine britische Automobilindustrie, die allerdings schon damals unter Arbeitskämpfen und verfehlten Entscheidungen der Verantwortlichen litt. Die unter dem Dach der Britisch Leyland Corporation zusammengefassten Marken verloren in diesen Jahren nach und nach an Bedeutung. Rover, 1904 gegründet, gehörte in diesem Verbund noch zu den starken Marken – und der 1976 vorgestellte 3500 schaffte es sogar zum europäischen Auto des Jahres. Mit seinem Design brachte der 3500 das Schrägheck wie zuvor schon der Citroën CX in die gehobene automobile Klasse. Im Gegensatz zu seinem Vorgänger verzichteten die Designer bei dem neuen Modell auf einen klassischen Kühlergrill, bis dahin unverzichtbares Element bei britischen Fahrzeugen. Unter der Haube arbeitete der unverwüstliche 3,5-Liter-V8, der von einem Buick-Antrieb abgeleitet war, nun 157 PS leistete und seine Leistung einem neuen Fünfganggetriebe anvertraute. Es gehört allerdings zu den unerfindlichen Gedankengängen britischer Entwicklungsingenieure, dass sie bei dem neuen Modell auf eine hintere Starrachse zurückfielen.

Die Heckklappe war ein neues Element in der gehobenen Automobilklasse.

3500

Der 3,5-Liter-V8 unter der Haube des Rover 3500 ermöglichte einen rasanten Auftritt.

Der große Rover gehörte zu den eleganten Erscheinungen.

EIn GUY-Truck bringt einige werksneue 3500er zu den Kunden.

Opel Senator und Monza – Edles aus Rüsselsheim

Auf der Frankfurt Internationalen Automobilausstellung zeigte Opel im Herbst 1977 seine neuen großen Modelle Senator und das Coupé Monza. Das Doppel löste die beiden großen Modelle Diplomat und Admiral ab. Für Opel, damals noch eine feste Größe in der automobilen Oberklasse, spielten die beiden neuen Modelle daher eine überaus wichtige Rolle. Die Basis der beiden war eng mit der Baureihe Commodore/Rekord verwandt und wies im Vergleich zu den beiden großen Opel einen um rund 20 Zentimeter deutlich verkürzten Radstand auf. Auch die Außenlänge schrumpfte um gut zehn Zentimeter. Doch trotz dieser geringeren Abmessungen traten die beiden Modelle selbstbewusst auf.
War der Senator als Limousine eine »seriöse Erscheinung«, so fiel der Monza als Fastback-Coupé aus dem Rahmen. So ein Modell hätte man den Rüsselsheimern nicht zugetraut. Unter der großen Heckklappe verbarg sich ein durchaus überschaubares Gepäckabteil mit 345 Litern Fassungsvermögen. Klappte man die Rücklehnen um vergrößerte sich der Raum auf 745 Liter. Das reichte auf jeden Fall für die Golfausrüstung.
Das Duo kam bei der Fachpresse gut an, was die Marketingabteilung nutze, um die Händler mit Argumenten zu unterstützen. »Wie der Senator zielt auch der Monza mit seinen herausragenden Eigenschaften und Qualitäten auf das mittlere und obere Segment der Großwagenklasse, in der bisher Mercedes-Benz und BMW den Ton angaben.« Kritisiert wurde in der Fachpresse allerdings die Ähnlichkeit mit dem Rekord, was nicht unbedingt verkaufsfördernd war. Trotzdem verkauften sich die beiden Modelle anfangs gut, gerieten aber wegen der sogenannten zweiten Ölkrise in Schwierigkeiten – wie alle anderen Modelle mit ähnlich großen Motoren. Senator und Monza wurden von 2,8 Liter und drei Liter großen Sechszylindern angetrieben, die entsprechend durstig waren.
Beide Modelle waren gut ausgerüstet. Zur Ausstattung gehörten unter anderem eine Servolenkung, und in den gehobenen Varianten kamen noch Sitzheizung, Lenkradverstellung, Scheinwerferreinigung, hintere Kopfstützen sowie ein Stereoradio mit Kassettenspieler hinzu. Außerdem stellte Opel noch ein sogenanntes S-Paket mit einem strafferen Fahrwerk in die Optionsliste. Senator und Monza waren sehr gute Modelle, die allerdings von den Kunden nicht die Wertschätzung erfuhren, die sie verdient hätten.

Senator oder Monza – die beiden Opel-Topmodelle stellten die Kunden vor eine schwierige Wahl.

[S]einer schnittigen Karosserie war der Monza zu seiner Zeit ein [...]er Hingucker.

Unter der großen Heckklappe befand sich ein großzügig dimensionierter Gepäckraum.

Die Sitze waren plüschig, doch das entsprach damals dem Zeitgeschmack. Seitenhalt war kein Thema.

Der Senator war nach dem Ende von Diplomat und Admiral die Top-Limousine der Marke.

James Bond und seine Autos gehören neben den weiblichen Darstellern von Beginn an zum Kultfaktor der britischen Agentenfilm-Reihe. In dem Streifen »Der Spion, der mich liebte« ist James Bond mit einem Lotus Esprit unterwegs, der sich in ein U-Boot verwandelt, wenn es darum geht, die Welt vor einem Bösewicht zu retten.

In der Schweiz wird die Gurtpflicht auf Betreiben eines Walliser Winzers wieder abgeschafft, wenig später aber durch ein neues Gesetz wieder eingeführt. Eine Abstimmung gegen dieses Gesetz im Jahr 1980 gewinnen dann wiederum die Gurtfreunde – damit war die Anschnallpflicht, im Gesetzestext poetisch »Gurtenobligatorium« genannt, endgültig durchgesetzt.

Saab Turbo
– Aufgeladener Schwede

Der Saab Turbo kam als Zweitürer auf den Markt und war eines der ersten Serienmodelle mit Turboantrieb.

Der schwedische Hersteller war hinter Volvo die Nummer Zwei und gehörte in den Siebziger Jahren zu den Marken für Individualisten, die sich vom Rest der automobilen Massenware absetzen wollten. Auf der Internationalen Automobilausstellung in Frankfurt im September 1977 präsentierte Saab den Turbo, der mit seinen 145 PS zu den leistungsstärksten Limousinen seiner Zeit gehört. Saab, eigentlich ein Flugzeughersteller, hatte schon einige Zeit an der Turbotechnik gearbeitet, und das Ergebnis für die Serie war ein dreitüriges Kombi-Coupé mit einem Zweiliter-Vierzylinder, der zwecks Leistungssteigerung mit einem Garrett-Abgasturbolader kombiniert war. Der Saab Turbo kam als Wolf im Schafspelz auf den Markt. Äußeres Kennzeichen des Turboantriebs war ein Heckspoiler am Heck.

Die Turbotechnik war damals schon seit einiger Zeit im Motorsport eine bewährte Methode, um zusätzliche Leistung zu erreichen, doch bei den Alltagsmodellen war diese Technologie noch eine exotische Lösung. Die Absatzerwartungen von Saab waren eher zurückhaltend – die Vertriebsabteilung rechnete mit einem Absatz von 4000 Exemplaren pro Jahr. Die Kunden sahen das anders und griffen begeistert zu – schon bald erreichten die Bestellungen mehr als 10.000 Einheiten.

Saab geriet im Jahr 2000 in die Hände von General Motors und damit begann der Niedergang der Marke. Die amerikanischen Manager fällten eine falsche Entscheidung nach der anderen, verwässerten den Markenkern, indem Opel-Modelle zu Saab-Fahrzeugen umgewidmet wurden, und am Ende gab General Motors entnervt auf und verkaufte Saab an das niederländische Unternehmen Spyker. Kurze Zeit später verabschiedete sich die Marke endgültig von der automobilen Bühne.

Stolze Saab-Verantwortliche in den USA mit dem Turbo-Modell, das von den Kunden begeistert aufgenommen wurde.

Dank der großen Heckklappe, hinter der sich ein großzügiges Gepäckabteil befand, war der Saab Turbo sogar familientauglich.

AUGUST 1977

Am 16. August 1977 steht die Musikwelt einen Moment lang still. Der »King of Rock ,n' Roll« Elvis Presley stirbt in seinem Wohnsitz Graceland in Memphis, Tennessee. Mit seinem Hüftschwung, der bei den sittenstrengen Hütern der Moral gar nicht gut ankam, versetzte Elvis seine weiblichen Fans in Ekstase. Neben seinen körperbetonten Auftritten überzeugte der Sänger aber auch durch seine Stimme, die fast drei Oktaven umfasste. Neben Michael Jackson ist er der einzige Künstler, der in fünf Halls of Fames vertreten ist. Seine Fans können ihm in den Ruhmeshallen für Rock ,n' Roll, Rockabilly, Country, Blues, und Gospel huldigen. Neben seiner Gesangskarriere spielte Presley in 31. Spielfilmen mit. Während seiner Armeezeit in Deutschland kam der Sänger in Kontakt mit Aufputschmitteln, und das war der Auftakt für einen jahrelangen Medikamentenmissbrauch, der ihm am Ende auch das Leben kostete. Elvis Presley war ein großer Auto-Liebhaber, der vor allem Cadillacs bevorzugte. Mitunter verschenkte er auch Cadillacs an seine Mitmenschen. Neben den amerikanischen Modellen gehörte aber zweitweise auch ein Messerschmidt-Kabinenroller, ein BMW 507, eine BMW Isetta und der eine oder andere Mercedes zum Wagenpark..

1978 Porsche

Auto des JAHRES 1978

Für viele Porsche-Fans war der 1977 auf dem Genfer Automobilsalon zum ersten Mal gezeigte 928 eine Majestätsbeleidigung. Der seit 1970 entwickelte Sportwagen sollte doch tatsächlich den 911er ablösen. Beim 928 war alles anders als bei der Sportwagen-Legende, die den vermeintlichen Nachfolger bald ins Abseits stellte. Statt luftgekühlt als Boxer im Heck besaß der 928 einen wassergekühlten V8-Antrieb (4,5 Liter/240 PS) unter der langen Fronthaube. Das Getriebe hatten die Entwickler an die Hinterachse verlegt. Auch beim Design hatten die Kreativen einen vollkommen neuen Ansatz gewählt, der die Betrachter in zwei Lager teilte. Allerdings hatten Anatole Lapine und Wolfgang Möbius eine Form entworfen, die sich am Ende als zeitlos erwies und bis zum Produktionsende so gut wie unverändert blieb. Typisch für den 928 waren die in der Fronthaube versenkten Klappscheinwerfer und die stark gerundete Heckpartie. Trotz der beißenden Kritik der 911er-Gemeinde war der 928 anfangs sehr erfolgreich und die erste Jahresproduktion war bereits im Juni 1977 ausverkauft. Doch am Ende setzte sich der Klassiker durch. Der 928 verschwand in den Porsche-Geschichtsbüchern, und der 911 setzt seine Karriere weiter fort.

Der 928 brach mit der Porsche-Tradition, die vorsah, dass der luftgekühlte Motor im Heck platziert sein sollte.

928

1978

Ein offensichtlich zufriedener Ferry Porsche und der 928.

Immer wieder lockt die Frau, um den Porsche an den Mann zu bringen – so zumindest das Kalkül der Werbestrategen.

Die erste Jahresproduktion des 928 war auf Anhieb ausverkauft.

Siebener BMW
– der Sternenkrieger

BMW hatte sich in den 1970er-Jahren als Hersteller sportlicher Modelle etabliert, doch in München wollten die Verantwortlichen mehr. Die Baureihen 2500, 2800 bis zum 3,3 hatten den Weg bereitet, um den Wettbewerb mit Mercedes auf Augenhöhe führen zu können. 1976 war zudem das erfolgreichste Jahr der Marke, die in den 1950ern von der Familie Quandt vor dem Untergang gerettet worden war. Damals wäre BMW beinahe von Mercedes geschluckt worden. Nach und nach hatte sich die Marke von der Isetta und Kleinwagen aus von den untersten Etagen der Automobil-Hierarchie nach oben gearbeitet. Vorläufiger Höhepunkt waren die Anfang der 1970er-Jahre präsentierten Sechszylinder-Modelle der Baureihe 2500 bis 3,3. Doch das reichte den Verantwortlichen nicht, und deshalb kam mit dem Nachfolger für die Topmodelle in Gestalt der Siebener-Baureihe ein weiterer Schritt nach oben, um vor allem zur bisher unangefochten die automobile Hierarchie anführenden S-Klasse aus Stuttgart aufzuschließen. Bei den 1978 auf den Markt gerollten Modellen der Siebener-Reihe (728, 730 und 733i) war alles ein wenig größer als bei den Vorgängern. Die Länge wuchs auf 4,86 Meter, der Radstand erreichte standesgemäße 2,79 Meter, sodass sich vor allem die Platzverhältnisse im Fond deutlich verbesserten. Die Menschen auf der Rückbank der 2500er- bis 3,3er-Limousinen konnten nämlich dem damaligen BMW-Slogan »Freude am Fahren« nicht unbedingt zustimmen. Für die Freunde der 2500er-Modelle war das Design der Siebener-Baureihe ein veritabler Schock. Aus dem schnittigen, fast schon italienisch wirkenden und kompakten Design war eine vollkommen neue Formensprache entstanden, an die sich die BMW-Gemeinde erst noch gewöhnen musste. Unter der Haube hatte sich allerdings wenig verändert. Die drei Sechszylinder-Motoren waren überarbeitet worden und hatten ihren Charakter behalten. Wie der Konkurrent aus Stuttgart fuhren die Siebener-Modelle von 1979 an mit dem von Bosch und Mercedes-Benz entwickelten Antiblockiersystem (ABS) vor. Der Innenraum war vollkommen neu gestaltet worden und gegen Aufpreis gab es jetzt elektrisch verstellbare Sitze vorne und hinten, Sitzheizung vorne, Zentralverriegelung (in den 1970er-Jahren tatsächlich noch selten) und einen Tempomat. Das ebenfalls optionale Radio Bavaria zeigte Verkehrsdurchsagen automatisch an und unterbrach das von einem integrierten Kassettenspieler dargebotene Unterhaltungsprogramm.

Der erste Siebener war auch auf den Exportmärkten erfolgreich. Mit dem Design löste sich BMW von der klassischen Form der Vorgänger-Baureihe.

Auf Testfahrt mit dem Prototyp.

Der Siebener war ein hervorragender Reisewagen.

Auch auf dem Campingplatz war der Siebener zuhause.

Der Siebener konnte mit der neuen ABS-Bremse geordert werden.

Aufbruch in die Zukunft: Siebener vor dem »BMW-Vierzylinder«.

Der Siebener hob den BMW-Wahlspruch »Freude am Fahren« auf eine neue Stufe.

Fiat Ritmo

– Golf à la Italia

Mit dem Golf hatte Volkswagen nicht nur die Zukunft des Konzerns gerettet, sondern auch eine neue automobile Klasse an den Start gebracht. In Europa suchten die Wettbewerber nach Antworten, um wenigstens einen Teil des »Golfstroms« in ihre Richtung umzulenken. Fiats Antwort war der Ritmo, der den biederen 128 mit seiner konventionellen Stufenheck-Karosserie ablöste. Allerdings lieferte der 128 weiterhin die technische Basis für den italienischen Golfjäger. 1978 auf der Turiner Automesse vorgestellt (damals hatten Automessen noch einen großen Wert) startete die Schrägheck-Limousine mit Motorisierungen von 1,1 bis 1,5 Liter und 60 bis 75 PS. Später kamen auch noch Dieselaggregate ins Programm und eine Abarth-Version sollte außerdem noch Dynamik in die Baureihe bringen. Der als Drei- und Fünftürer angebotene Ritmo kam in zwei Ausstattungsvarianten zu den Kunden, die zudem aus einer umfangreichen Aufpreisliste Dinge wie Klimaanlage, Schiebedach und eine Dreigangautomatik (von Volkswagen) ordern konnten. Später kam auch noch eine Cabrioversion ins Programm, die von Bertone produziert wurde und die wie der Golf einen ungeliebten Überrollbügel aufwies.

Im Innenraum hatten sich die Fiat-Entwickler eine Neuerung ausgedacht, die damals allerdings kaum zur Kenntnis genommen wurde: Im rechten Fußraum hatten sie einen Flaschenhalter untergebracht, viele Jahre bevor Cupholder zum Pflichtprogramm wurden. Auffallend war der Verzicht auf Chromschutz und die wuchtigen Kunststoff-Stoßfänger vorne und hinten. Weniger praktisch waren die kreisrunden Türgriffe, die leicht die Fingernägel der Damen verkürzen konnten. In zeitgenössischen Tests bekam der Ritmo gute Noten, jedoch wurden die wenig Seitenhalt bietenden Sitze und das zum Stuckern neigende Fahrwerk kritisiert. Auch die hakelige Schaltung wurde bemängelt.

Der Ritmo war Fiats Antwort auf den Volkswagen Golf.

Dank seines Frontantriebs hatte der Ritmo gute Wintereigenschaften.

Wie beim Golf gab es auch vom Ritmo eine offene Variante.

Die Designer verzichteten beim Ritmo auf Chromschmuck.

Der Einfluss des Golf auf das Ritmo-Design ist in der Seitenansicht unübersehbar.

JANUAR 1978

Am 19. Januar endet die Käfer-Ära in Deutschland endgültig. In Emden läuft der letzte Käfer vom Band. Fortan kommt der unverwüstliche Weltbestseller aus Mexiko. Die Karriere des Käfers endet endgültig erst am 30. Juli 2003 mit der Nummer 21.529.464, die in Puebla vom Band läuft.

Jeep Wagoneer – die nicht erkannte Chance

Stell Dir vor, Du hast eine vollkommen neue Fahrzeugkategorie entwickelt – und Du merkst es nicht. Jeep brachte Anfang der 1960er-Jahre mit dem Wagoneer ein Modell auf die Straße, dass die später ebenso beliebten wie umstrittenen SUV vorwegnahm. Bis zum Wagoneer stand Jeep für Fahrzeuge, die zwar im Gelände so gut wie unschlagbar waren, aber beim Komfort deutliche Defizite hatten. Im Jahr 1970 übernahm American Motors die Marke Jeep und brachte 1978 mit dem Wagoneer Limited einen Geländegänger zu den Kunden, der einen bis dahin nicht gekannten Komfort in diesem Segment bot. Er hatte eine Klimaanlage, elektrisch verstellbare Sitze und elektrische Seitenscheiben sowie einen Tempomat, Leder im Innenraum und viel Plüsch. Außen hatten die Kreativen eine Kunststoff-Holzverkleidung spendiert, die an die holzbeplankten Kombis der 1950er- und 1960er-Jahre erinnerte.

Ganz klar, dieses Fahrzeug war nicht dafür gedacht, auf der Farm herumzufahren, sondern sah die Zielgruppe vielmehr in den Großstadt-Cowboys, die einen Hauch von Freizeit und Abenteuer erleben wollten, wenn sie auf den Weg zur Arbeit im Stau standen. Natürlich hatte auch der Nobel-Jeep Allradantrieb, doch wahrscheinlich haben die meisten Kunden diese Technik nie oder nur selten genutzt. Anfangs trieb ein V8-Zylinder-Motor mit 5,8 Liter Hubraum den Wagoneer an, der allerdings in der Basisversion später wegen der gestiegenen Benzinpreise gegen einen 4,2-Liter-Reihensechszylinder als Antrieb eingetauscht wurde. Der größere Motor blieb aber im Programm. In Ägypten wurde der große Jeep ebenfalls montiert und war dort vor allem bei Touristen beliebt, die eine komfortable Fortbewegung über die Wüstenpisten gebucht hatten.

Der Wagoneer war ein Vorläufer der später erfolgreichen SUV.

Freiheit und Abenteuer – das gab es beim Wagoneer in der Komfort-Variante.

Der Wagoneer war ein guter Begleiter für die Freizeitgestaltung der Großstadtcowboys.

JULI 1978

Mit der von Bosch und Daimler-Benz gemeinsam entwickelten ABS-Bremse kommt zusätzliche Sicherheit ins Auto. Die von vielen Zeitgenossen als »Wunderbremse« gefeierte Technik wird zunächst als Extra in der S-Klasse angeboten und setzt sich in den folgenden Jahren nach und nach auch bei anderen Fahrzeugen durch. 1985 war der Ford Scorpio das erste Fahrzeug mit einem serienmäßigen ABS-System.

Mazda RX-7
– der Wankelsportle

In den 1960er-Jahren lief die Zukunft des Verbrennungsmotors im Kreis. So gut wie alle Hersteller sicherten sich damals Lizenzen für den Kreiskolbenmotor, nach seinem Erfinder Felix Wankel kurz und bündig Wankelmotor genannt, und tüftelten an dem neuen Antrieb. Nun, nach und nach, wurden die Entwicklungsarbeiten beendet und man konzentrierte sich wieder auf die Weiterentwicklung des konventionellen Verbrenners. Alle? Nein, ein Hersteller übernahm die Rolle des kleinen gallischen Dorfs und bleib dem kreisenden Kolben treu. Toyo Kogyo hatte sich 1961 eine Lizenz gesichert, hielt an der Technik fest und entwickelte sie sogar noch weiter. Toyo Kogyo, wer? Hinter dem Namen verbirgt sich die Automobilmarke Mazda, und die brachte zunächst sportliche Limousinen in einem unscheinbaren Design auf den Markt. 1978 schließlich kam mit dem RX7 ein Sportcoupé mit den klassischen Designmerkmalen (lange Motorhaube und kompaktes Fahrerabteil) auf den Markt. »Die ständige Verteuerung des Rohstoffs Öl ließ und lässt viele Kritiker des Kreiskolbenmotors meinen, dieser Motor habe keine Chance für die Zukunft und sei nur eine amüsante Episode in der Geschichte der Automobiltechnik«, hieß es in der Pressemappe zum RX7. »Für Toyo Kogyo stehen auf der Gegenseite eine Million produzierte Fahrzeuge mit Kreiskolbenmotoren. Und der japanische Konzern hat in den zurückliegenden Jahren bewiesen, dass ein Kreiskolbenmotor eben nicht das Image eines Spritfressers hat oder im Frühstadium seiner Lebensdauer infarktgeschädigt ist.«

Der 1,2-Liter-Motor leistete 115 PS und beschleunigte das Coupé in rund zehn Sekunden von Null auf 100 km/h. Für das Fahrwerk wählten die japanischen Entwickler eine eher konventionelle Lösung: Vorne MacPherson-Federbeine und hinten und eine Starrachse an Schraubenfedern. Das konnte allerdings den Erfolg des Wankelsportlers nicht verhindern, was auch an seinem günstigen Preis lag. 22.186 Mark verlangte der Importeur in Deutschland für den Zweisitzer und lag damit 6000 Mark unter dem Preis des Porsche 924.

Beim Design des Mazda RX 7 war der Einfluss des Porsche 924 unübersehbar.

Der RX 7 fand auch in Deutschland schnell eine treue Kundschaft.

Mit seinem Wankelantrieb war der RX 7 schnell unterwegs.

Mazda blieb am Ende als einziges Unternehmen dem Wankelmotor treu.

Simca Horizon

Auto des JAHRES 1979

Was für ein Abschied von der automobilen Bühne! Im Jahr 1979 kam der Simca Horizon, beziehungsweise Chrysler Horizon, der später zum Talbot Horizon mutierte, auf den Markt und sollte eigentlich den Simca 1100 ablösen, der dann aber doch als preiswertes Einstiegsmodell weiter produziert wurde. Klingt nach einem gewaltigen Durcheinander und tatsächlich waren die letzten Jahre des traditionsreichen Herstellers sehr unruhig. Als der Horizon 1978 auf den Markt kam, gehörte Simca noch zu Chrysler, was sich bald änderte, als PSA (Peugeot Citroën) den europäischen Chrysler-Ableger übernahm und die alte neue Marke Talbot einführte, sodass das Kompaktmodell erst als Talbot Simca Horizon bei den Händlern stand. Simca wurde wenig später ganz gestrichen. Der Horizon wurde von Vierzylindern mit 1,1 bis 1,4 Liter Hubraum angetrieben, die 55 bis 83 PS leisteten. Technisch war der Horizon auf der Höhe der Zeit und besaß bereits einen Tripcomputer, der ihm am Ende auch den Titel des Autos des Jahres einbrachte.

1984 startete die Belegschaft in der Horizon-Fertigung jedoch einen Streik, der am Ende dazu führte, dass die PSA die Produktion in der Nähe von Paris einstellte und den bereits fertig entwickelten Horizon-Nachfolger als Peugeot 309 auf den Markt brachte. Die »Neun« am Ende der Typenbezeichnung zeigte dem Rest der Welt gleichzeitig, dass es von diesem Modell keinen Nachfolger geben sollte. Das Kapitel Simca/Talbot war endgültig zu Ende.

Auch die französische Polizei setzte den kompakten Horizon als Dienstwagen ein.

Mit dem Horizon feierte Talbot, früher Simca, seinen letzten Erfolg.

Der Horizon war nicht nur in Frankreich als Familienwagen beliebt.

Lancia Delta
– der Weltmeister

Lancia gehörte bis zur Übernahme durch Fiat im Jahr 1969 zu den exklusiven Marken und verstand sich als Premiumhersteller. Nachdem Fiat das Sagen hatte, mutierten Lancia-Modelle zu aufgewerteten Varianten von Fiat-Großserienmodellen, was der Marke langfristig schadete. Der 1979 vorgestellte Delta war eine Ausnahme, denn obwohl der Fiat Ritmo die technische Basis lieferte, war der Delta erfolgreich, denn Lancia war damals der einzige Premiumanbieter, der sich in die von Volkswagen dominierte Golfklasse wagte. Hilfreich waren in den 1980er-Jahren auch die sportlichen Erfolge auf den Rallyepisten der Welt. Die Entwicklung des 1979 auf der Internationalen Automobilausstellung in Frankfurt gezeigte Delta hatte bereits 1974 begonnen. 1980 wurde der kompakte Lancia zum europäischen Auto des Jahres gewählt. Plattform und Antriebe wurden vom erfolgreichen Fiat Ritmo übernommen. Für das Fahrwerk griffen die Lancia-Ingenieure auf eigene Entwicklungen zurück, was den Fahreigenschaften sehr zugute kam.

Das Design stammte, wie nicht anders zu erwarten, von Giorgetto Giugiaro, der dabei offensichtlich in seinem Archiv die Studie Maserati Medici II herausgekramt hatte, um sie zum Lancia Delta mutieren zu lassen. Im Gegensatz zum Fiat Ritmo bestanden beim Delta die Stoßfänger vorne und hinten aus glasfaserverstärkten Polyester und nicht aus einfachem Kunststoff. Auch die Ausstattung war deutlich aufgewertet. So waren der Heckscheibenwischer, von innen einstellbare Außenspiegeln sowie dreistufige Scheibenwischer ohne Aufpreis an Bord.

Anfangs gab es lediglich zwei Antriebsoptionen. Der Basis-Vierzylinder mit 1,3 Liter leistete 75 PS und die 1,5-Liter-Variante kam auf 86 PS. In den 1980er-Jahre wurde die Motorenpalette deutlich ausgeweitet, und zwischen 1987 und 1992 gewann Lancia mit dem Delta sechsmal die Rallye-Weltmeisterschaft.

Beim Lancia Delta diente die Ritmo-Plattform als Basis, was den Erfolg des Modells aber nicht schadete.

Das Design des kompakten Lancia stammte von Giugiaro.

Der Delta besaß im Vergleich zum vergleichsweise biederen Fiat Ritmo eine deutlich aufgewertete Ausstattung.

Die elegante junge Dame soll wohl darauf hinweisen, dass der Delta etwas Besonderes sein sollte.

FEBRUAR 1979

Noch ein Abschied bei Volkswagen. In Osnabrück wird das letzte Käfer-Cabriolet ausgeliefert. Die Nachfolge übernimmt das von den Käfer-Fans anfangs wenig geschätzte Golf-Cabrio mit einem Überrollbügel, der dem Modell bald den Spitznamen »Erdbeerkörbchen« einträgt.

Peugeot 505

– die neue Nummer

Mit dem 505 brachte Peugeot 1979 in einer für den Konzern schwierigen Zeit den Nachfolger für das Erfolgsmodell 504 auf den Markt. Das Design stammte vom Stammdesigner der Marke Pininfarina, der den internen Wettbewerb mit den Peugeot-Designern gewonnen hatte. Das Ergebnis war eine unauffällige Form, die lediglich in der Frontpartie an den Vorgänger erinnerte. Der konventionellen Stufenhecklimousine wurde drei Jahre später eine Kombivariante mit bis zu acht Sitzplätzen zur Seite gestellt. Wie beim unverfänglichen Design ging Peugeot auch bei den Antrieben auf Nummer sicher und übernahm die Motoren aus dem Vorgänger. Als Basis kam der bewährte und robuste 1,8-Liter-Vierzylinder mit 82 PS zum Einsatz, ergänzt durch einen 2,1 Liter großes Dieselaggregat mit 69 PS, das von Ford auch für den Granada übernommen wurde und vor allem bei Taxiunternehmen beliebt war.

Der 505 war neben dem 405 der letzte Peugeot, der auch in den USA angeboten wurde. Seltsamerweise hat Peugeot nie den Erfolg der TV-Krimiserie Columbo in den USA für sich genutzt. Columbo fuhr stets in einem klapprigen 403 Cabrio vor, und als Columbo-Darsteller Peter Falk einmal in Paris mit den Verantwortlichen der Marke sprechen wollte, wurde er gar nicht erst vorgelassen. 1980 hatte Peugeot in New York und Los Angeles 1200 Exemplare des 505 als Taxis an den Start gebracht und Mitte der 1980er-Jahre im besten Absatzjahr tatsächlich 20.000 Modelle verkauft. Doch angesichts der Probleme in Europa zog sich die Marke kurz danach aus den USA zurück.

Der 505 war als Kombi ein echtes Raumwunder und deshalb bei Handwerkern und Familien beliebt.

Sachlichkeit war das Merkmal des 505-Designs.

Der Innenraum war komfortabel und großzügig dimensioniert.

Der Mensch hinter dem Lenkrad blickte auf eine aufgeräumte Informationszentrale.

Sachsenring Trabant

– der Duroplastbomber

Der Trabant war der DDR-Volkswagen. Mit der Wende 1989 verschwanden die meisten Trabanten von den Straßen.

Am 21. November 1973 feierte die Belegschaft von Sachsenring in Zwickau ihren Trabant. An diesem Tag lief der einmillionste Kleinwagen aus der Fabrik in Sachsen. Der Trabant hatte seine Laufbahn 1958 als ostdeutscher Wagen fürs Volk begonnen und war für viele Familien in der DDR die einzige bezahlbare Möglichkeit, ein eigenes Automobil zu besitzen, und auch das nur nach einer jahrelangen Wartezeit. Der Trabant, der Namen wurde in einem Wettbewerb gefunden, hatte eine Karosserie aus Duraplast, einem seit 1951 entwickelten Kunststoff. Als Antrieb diente ein Zweitaktmotor – in den 1950er-Jahren nichts ungewöhnliches. Doch während sich die Hersteller im Westen Deutschland von diesem Motortyp verabschiedeten, bliebt der ratternde Motor beim Trabant weiter im Programm. Deshalb wurde der Trabant im Laufe der Jahre zu einem Symbol der rückständigen Industrie im Osten Deutschlands. Das hatte auch politische Gründe. Die DDR-Staatsführung unterband alle Versuche, den Kleinwagen zu modernisieren und verkannte dabei gleichzeitig die Möglichkeit, mit einem moderneren Modell Devisen in die notorisch klamme Staatskasse fließen zu lassen. Im November 1979 untersagte das Politbüro alle Neuentwicklungen und ließ nur noch Detailverbesserungen zu, die im DDR-Fernsehen regelmäßig gefeiert wurden. Damals hatte es Pläne gegeben, gemeinsam mit den »sozialistischen Brudervölkern« einen Kleinwagen zu entwickeln, die nach dem Ausstieg der DDR aus diesem Vorhaben nicht weiterverfolgt wurden. Und so bleib der schwachbrüstige Zweitakter (600 ccm, 26 PS) bis kurz vor der Wende im Programm. Auch die Übernahme des Antriebs aus dem Volkswagen Polo konnte das Ende des Kleinwagens 1991 nicht verhindern.

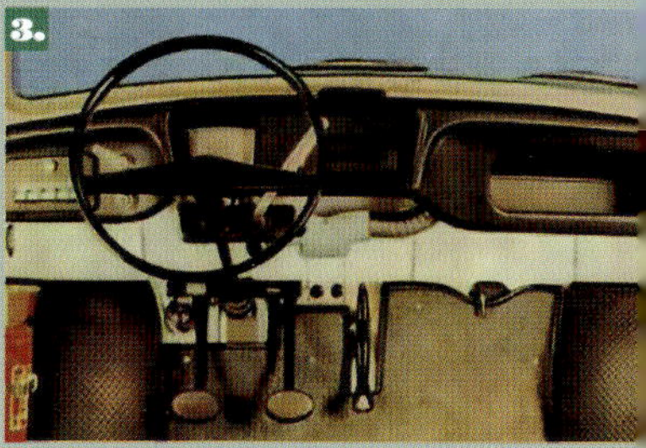

1. Unter der Haube arbeitete ein veralteter Zweitakter
2. Der Kofferraum war größer als von außen vermutet.
3. Die Informationszentrale beschränkte sich auf das Wesentliche.
4. Die Kombi-Variante war ein begehrtes Modell.
5. Für den Urlaub gab es spezielle Zeltaufbauten.

FEBRUAR 1979

Die Verbrauchsangaben der Automobile werden in einer DIN-Norm definiert. Allerdings spiegelt auch diese neue Vorschrift den tatsächlichen Verbrauch nicht wider.

Mercedes G

– der Dauerrenner

In den 1970er-Jahren bekamen die Geländewagen einen neuen Auftritt. Ein Argument der Werbetexter war die Einladung an die Kunden, mit einem Geländewagen zur Oper zu fahren. Mercedes hatte nichts Passendes im Sortiment. Für die Wege abseits der Straßen stand der Unimog im Programm, doch mit einem Unimog zur Oper – das ging gar nicht. Als »zivilisierter Geländegänger« kam deshalb 1979 die G-Klasse auf den Markt. Vorgestellt im Süden Frankreich auf einem durchaus anspruchsvollen Terrain, das den einen oder anderen Journalisten überforderte. Der »Auto-Experte« eines heute nicht mehr existierenden Magazin zerstörte dann auch bei einer ambitionierten Fahrt den 280 GE, das Topmodell der Baureihe.

Das kam beim Pressechef der Marke verständlicherweise nicht gut an. Die selbsternannten Herrscher über die Pressevertreter residierten damals über den Testfahrten und verteilten am Ende einen Geländeführschein, für den allerdings keine Prüfung abgenommen wurde.

Den Anstoß zur Entwicklung des G-Modells hatte damals der persische Herrscher Mohammad Reza Pahlavi gegeben, der seinerzeit 18 Prozent der

Das G-Modell verband Geländetauglichkeit mit Fahrspaß.

Daimler-Benz-Aktien hielt und ein Fahrzeug für seine Grenzpatrouillen und für die Jagd verlangte. Der Wunsch des Schah wurde in Stuttgart notiert – und zusammen mit dem österreichischen Unternehmen Steyr-Daimler-Puch ein Gemeinschaftsunternehmen gegründet. Der G wurde also in Graz produziert. Anfangs hoffte Mercedes-Benz noch auf einen Auftrag der Bundeswehr, doch die entschied sich damals für den kleinen VW Iltis. Mercedes-Benz lieferte die Antriebseinheit, den Rest übernahmen die österreichischen Partner.

In Westeuropa lief der G mit dem Mercedes-Stern an der Frontpartie auf den Straßen, im Rest des Kontinents zierte das Puch-Markenzeichen den G. Außerdem baute auch Peugeot den G und schmückte die Front mit dem Löwen. Allerdings sicherten sich viele Kunden den Stern im Ersatzteilhandel, sodass sich viele »Puchs« besternt wiederfanden. Bei der G-Klasse ließ sich der Allradantrieb währende der Fahrt zuschalten, was damals nicht bei allen Wettbewerbern möglich war. Vorne und hinten waren Starrachsen montiert und der Aufbau lag auf Gummizwischenlagern, die einen gewissen Komfort brachten, sodass der »G« deutlich angenehmer zu fahren war als viele Konkurrenten. Als Option waren sogar eine Viergang-Automatik und eine Servolenkung lieferbar. Auch der Innenraum unterschied sich deutlich von den anderen rauen Geländegängern. Hier erlebten Fahrer und Passagiere den für Mercedes-Benz typischen Komfort. Die Kunden konnten außerdem aus fünf Karosserievarianten wählen: einem zweitürigen Kombi mit Hecktür, einem Kastenwagen mit kurzem und langen Radstand sowie einem viertürigen Kombi mit Hecktür.

Damals entsprachen die Typenbezeichnungen noch den Motorgrößen: 230 G, 280 GE, 240 GD, 300 GD. Die Leistung lag zwischen 90 und 150 PS. Bei der Vorstellung in Südfrankreich konnte sich niemand der Verantwortlichen vorstellen, dass die G-Klasse sich zur am längsten produzierten Baureihe des Konzerns entwickeln und mehr als 40 Jahre lang im Angebot bleiben würde.

Der Mercedes G setzte im Gelände neue Maßstäbe.

Im Flug über das Gelände – für den G kein Problem.

Die offene Variante war für das Freizeit-Vergnügen gedacht.

Der G entwickelte sich für Mercedes zum Dauerrenner.

Der Gelände-Mercedes bot einen guten Komfort.

Es darf auch bunt werden: Ein G mit jugendlicher Lackierung.

Frauen & Autowerbung

– Objekte der Begierde

Was wäre die Automobilgeschichte ohne Frauen? Sie gaben Marken ihren Namen, starteten als Pionierinnen zu abenteuerlichen Fahrten und wurden schließlich zum unverzichtbaren Schmuck, wenn die von Männern dominierte Industrie ihre Neuheiten präsentierte. Gottlieb Daimler und Carl Benz sind zwar die Erfinder der »pferdelosen Kutsche«, doch dass sich mit dieser Erfindung auch längere Strecken zurücklegen ließen, bewies erst Bertha Benz, der zusammen mit ihren Söhnen im Jahr 1888 die erste längere Ausfahrt zwischen Mannheim und Pforzheim gelang. Mit dieser Tour trieb sie zugleich die schleppende Nachfrage nach der neuen Erfindung entscheidend voran. Bertha Benz war gleichzeitig die erste Frau, die Werbung für das Automobil machte. Ihr sollten danach noch viele Frauen folgen, doch deren Rolle sah dann etwas anders – und weniger selbstbestimmt – aus. In den 1920er-Jahren war es aber zunächst wieder eine Automobilistin, die zeigte, was mit dem Automobil möglich war. Cläre Stinnes war der erste Mensch, der eine Weltumrundung gelang und die damit deutlich machte, dass das Gerede vom »schwachen Geschlecht« nichts anderes war als eben männliches Gerede.

Die berühmteste Frau in der Geschichte des Automobils ist jedoch unbestritten Mercédès Jellinek. Ihr wohlhabender Vater Emil Jellinek bestellte im April 1900 bei der Daimler Motoren-Gesellschaft 36 Fahrzeuge und wurde so zum damals wichtigsten Geschäftspartner des Unternehmens. 36 Automobile entsprachen damals rund einem Drittel der Jahresproduktion. Und so einem Kunden konnte man natürlich keinen Wunsch abschlagen. Gleichzeitig veranlasste er die Entwicklung eines neuen Modells, das er zu Ehren seiner Tochter Mercédès nannte, was bei den Daimler-Verantwortlichen offensichtlich gut ankam, denn 1902 meldete das Unternehmen

Wer kann diesem Blick widerstehen? Das Auto wird so zur Nebensache – zumindest nach dem Kalkül der Werbeleute.

Mercedes zusammen mit dem Stern als Markenzeichen an. Der Rest ist Geschichte. Man stelle sich vor die Tochter wäre auf »Ottilie« getauft worden…

In Belgien schickte das Unternehmen Minerva, benannt nach der römischen Göttin der Weisheit, seine Modelle auf die Straße.
Das vermeintlich »schwache Geschlecht« spielte auch später noch eine wichtige Rolle. Weiblich Namen wurden gerne für Modelle gewählt, und dabei zeichneten sich vor allem die italienischen Marken aus. Kein Wunder bei den klangvollen Vornamen. Lancia schickte Flaminia, Flavia und Aurelia an den Start, Alfa war mit Giulia und Giulietta erfolgreich, aber auch in Deutschland erreichte die Isabella von Borgward gute Absatzzahlen – und Toyota brachte seine Carina auf den Markt. Bei Skoda sicherte die Felicia Marktanteile. Die maskulin ausgerichtete Automobil-Kundschaft akzeptierte diese Namen offensichtlich ohne Murren und griff zu. Das war alles unverfänglich, doch dann entdeckte die Automobilwerbung die weiblichen Formen als verkaufsförderndes Element. Dabei übernahm Benz eine Pionierrolle und nutzte die weiblichen Reize, um sein Produkt zu zeigen. Bereits 1912 warb das Unternehmen mit dem Bild einer jungen Frau, die ein Modell der Marke strahlend und wie einen Säugling beschützend in ihren Armen hielt. »Mein Benz« war die kurze und ebenso bündige Botschaft der Anzeige, die sich vor allem an die männliche Kundschaft richtete.
1912 war das weibliche Modell noch züchtig bekleidet, sodass niemand Anstoß an der Abbildung nehmen konnte. 60 Jahre später hatte sich das Bild radikal geändert. Nach den eher prüden 1960er-Jahren war die sogenannte sexuelle Freiheit ausgebrochen – und die Hüllen fielen. Damals nutzten Zeitschrif-

TR 7 in charmanter Begleitung. Für die Werbestrategen in den 1970er-Jahren eine unschlagbare Mischung.

Reifen sind schwarz und langweilig – nicht so bei Pirelli.

Die Themenkombination Sex und Autos wurden auch literarisch gewürdigt.

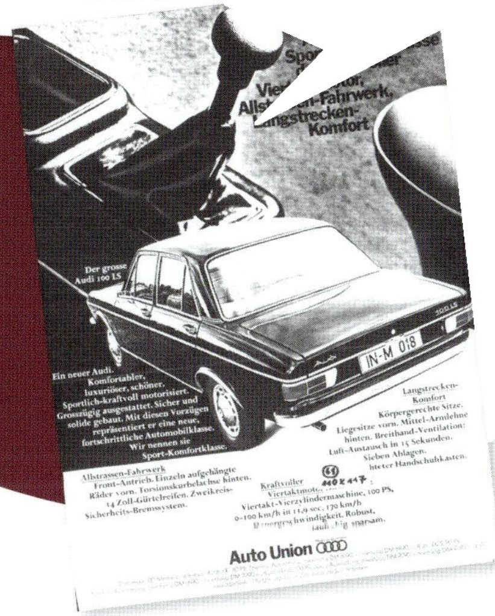

tenmacher diese neue Freiheit und griffen gerne zum Mittel »nackte Frau auf dem Titel«, um die Auflage ihrer Blätter zu steigern. Angeblich brachte Nacktheit auf dem Titelblatt vielen Verlegern eine Auflagensteigerung um rund 50.000 Exemplare. »Sex sells«, hieß damals die Devise, die auch von den Automobilherstellern aufgegriffen wurde. Auf den Automessen geriet das ausgestellte Blech bald fast schon zum Nebendarsteller, weil mitunter spärlich bekleidete junge Frauen die Aufmerksamkeit der zumeist männlichen Besucher beanspruchten und die Exponate in den Hintergrund schoben. Damals war die zumeist knapp bekleidete weibliche Begleitung der Automobile in der Berichterstattung über die großen internationalen Ausstellungen ein Standardthema. Das war natürlich Sexismus pur – ein Begriff, der erst gegen Ende der 1960er-Jahre von der amerikanischen Professorin Pauline M. Leet in einem Vortrag geprägt worden war.

Damals sprachen viele Männer den Frauen noch immer schlicht die Fähigkeit ab, ein Auto zu beherrschen. Die damals populäre TV-Sendung »Der siebte Sinn« befasste sich in einer Folge mit den vermeintlichen weiblichen Problemen beim Autofahren und transportierte alle erdenklichen Klischees, dass Frauen den Rückspiegel vor allem zum Schminken nutz-

ten, ausschließlich ungeeignete High-Heel-Schuhe trugen und natürlich konnten sie nicht einparken.
Auf der Straße wollten die Männer also keine Frauen hinter dem Lenkrad sehen – in der Werbung aber umso mehr, und am liebsten knapp oder gar nicht bekleidet. Und die Werbung lieferte entsprechend. Die Zielgruppe war männlich, klar, denn die weibliche Kundschaft hatten die Männer in den Werbeagenturen noch nicht entdeckt. Das heißt, wenn es darum ging, die vermeintlichen weiblichen Schwächen zu zeigen, zeigten die Werber ihre Kreativität und griffen ganz tief in die Klischeekiste und stellten Frauen als mehr oder weniger hilflose Wesen hinter dem Lenkrad dar. So warb zum Beispiel Mini für die Automatik in dem Kleinwagen mit einer Frau hinter dem Lenkrad, die, so die Anzeige, allein entwickelt worden war, um die weiblichen Schwächen beim manuellen Gangwechsel auszugleichen. Natürlich – so das gängige Vorurteil – hatten die Frauen auch kein Verständnis für die Technik und deshalb wurde das Thema in der Werbung ständig wiederholt.
Das war aber nur ein Nebenaspekt. Nacktheit war zwar in den 1970er-Jahren keine Provokation mehr, doch griffen viele Kreative immer wieder deutlich daneben. So präsentierte Triumph sein Modell Dolomite in Frankreich neben einem unbekleideten Modell mit dem schwer verdaulichen Werbespruch »Seien Sie hart, ich liebe das«. Die Werbung mit weiblichen Motiven reduzierte die Frauen zu Objekten, die allenfalls als schmückendes Beiwerk dienten. Hatten die Unternehmen in den 1920er-Jahren bereits die weibliche Kundschaft entdeckt und entsprechend um sie geworben, so ging es in den 1970er-Jahren allein darum, den Mann als Kunden zu umwerben.

Im Rückblick bleibt es rätselhaft, warum die Werbung auf so plumpe Methoden zurückgriff, um Automobile an die männliche Kundschaft zu bringen. Es ging offensichtlich weniger um Information – ja auch das kann und sollte Werbung leisten – sondern um das Ansprechen einfacher Triebe. Warum eine sich auf der Motorhaube räkelnde junge Frau den Absatz eines Modells befördern sollte, bleibt dabei bis heute ein Geheimnis. Allerdings entsprach diese Ansprache den vermeintlichen Fakten, die sich die Werbestrategen zurechtgelegt hatten. Danach war das Automobil eine reine Männersache – für Frauen war allein der Beifahrersitz reserviert. Oder – als bezahltes Fotomodell lasziv den Mann anblickend – vielleicht noch die Motorhaube. Daher erklärte Volkswagen damals die Einführung eines Automatikgetriebes damit, dass der Mann hinter dem Lenkrad nun seiner Begleiterin das Knie tätscheln konnte. Ende der 1960er-Jahre warb Volkswagen in den USA ebenfalls mit den niedrigen Preisen für seine Ersatzteile und erklärte in der Anzeige mit der Abbildung eines verbeulten Käfers, dass die von der Frau des Hauses (von wem sonst) verursachten Blechschäden entsprechend preiswert repariert werden könnten.

– Mädchen im Kofferraum – und was ist die Botschaft?

Auf der Motorhaube lässt es sich gut ruhen… meinten die Werbestrategen.

Zwischen den Beinen zeigt sich das Markenzeichen – nicht erst nur aus heutiger Sicht problematisch.

Was soll das Bett auf dem Autodach?

Warten auf den Fahrer...

Badende mit Audi 50 am Strand, wie passt das zusammen?

Der TR7 war allein schon ein Hingucker – daher ist der Trick der Werbestrategen eigentlich überflüssig.

Irgendwann nahmen die Proteste nicht nur der Feministinnen zu, und die Strategen in den Werbeagenturen und die Verantwortlichen der Marken begannen, ihre Kampagnen zu überdenken. Langsam, aber sicher fanden die Marktforscher heraus, dass es sich durchaus lohnte, Frauen als Zielgruppe anzusprechen. Immerhin begannen Frauen in dieser Zeit, sich von der Dreifaltigkeit »Küche, Kinder, Haushalt« zu lösen und auch eigenständige Berufslaufbahnen zu verfolgen. Erst im Jahr 1977 wurde das Ehe- und Familienrecht reformiert und die gesetzliche Regelung abgeschafft, dass Frauen nur dann arbeiten durften, solange sie die Familie nicht vernachlässigten. In diesem Umfeld konnte Werbung mit effekthascherischer und diskriminierender Nacktheit – endlich – nicht mehr funktionieren. Die Werbestrategen konzentrierte sich daher danach zunehmend auf sachliche Themen.

Auch bei Porsche spielte die weibliche Begleitung eine wichtige Rolle.

Toyota bewies Stil: Sportliche junge Frauen neben sportlichem Coupé.

Ford warb für den Fiesta noch mit dem traditionellen Frauenbild.

Junge Frau und Celica warten im Kornfeld.

Der Gremlin war keine Schönheit, die Begleitung sollte es richten.

Auch für den 2CV setzten die Werber auf Weiblichkeit.

Züchtiger Auftritt für den Ford Fiesta.

Register

Bildnachweise

Archiv Motorbuch (36-37, 38-39, 40-41, 144-145, 158-159, 162-163, 165, 180-181, 186-190); Audi (106-107, 128-129, 142, 143); Bernard Cahier/Getty Images (109, 156); Bettmann/Getty Images (47, 51); BMW AG (84-85, 138-139, 166-167); Didier Messens/Getty Images (61); Ford)24-25, 66-67, 74-75, 134-135, 152-153, 184, 190); Fototeca Gilardi/Getty Images (67); Gert Kreutschmann/ullstein bild via Getty Images (6, 7); GM (43-43, 44-45, 52-53); GP Library/Universal Images Group via Getty Images (109); Hoch Zwei/Corbis via Getty Images (43); Honda (108-109); Jaguar Cars (146-147); Kerwin B. Roche/FPG/Archive Photos/Getty Images (104); Kypros/Getty Images (163); Lamborghini (64-65); Land Rover (26-27); Mazda (172-173); Mercedes-Benz AG (12-19, 58-49, 86-87, 102-105, 112-113, 154-175, 182-183); National Motor Museum/Heritage Images via Getty Images (9, 47, 88, 89); Nissan (50); Olle Lindeborg/AFP via Getty Images (129); Opel (28-31, 78-81, 94-99, 160-161); Paul-Henri Cahier/Getty Images (43); picture alliance / AP (111); picture alliance / Leonie Albig-Treffers (9); picture alliance / SZ Photo | Heike Riemer (127); picture-alliance / dpa | Bertram (111); picture-alliance / dpa | DB Scheidemann (153); picture-alliance / dpa (131); picture-alliance / dpa | Manfred Rehm (4, 10); picture-alliance / dpa/gms | Porsche (4); picture-alliance/ dpa | Lutz Rauschnick (111); Porsche (88-89, 164-165); Régis BOSSU/Sygma via Getty Images (63); Renault (70-71, 140-141); Roger Viollet Collection/Getty Images (33); Rolls-Royce Motor Cars (148-149); Shutterstock (171); Stellantis (20-23, 34-35, 46-47, 54-55, 62-63, 68-69, 72-73, 82-83, 90-91, 126-127, 132-133, 136-137, 150-151, 168-171, 174-179, 190); Sunset Boulevard/Corbis via Getty Images (162); Sven Simon/United Archives via Getty Images (133); Touring Club Italiano/Marka/Universal Images Group via Getty Images (8); Toyota (32-33, 48-49, 190); ullstein bild/ullstein bild via Getty Images (161); United States Information Agency/PhotoQuest/Getty Images (105); Volkswagen (56-57, 76-77, 100-101, 110-111, 114-125, 130-131, 177); Volvo (60-61, 92-93).